高等职业教育“十四五”规划教材

# 精密测量技术
## 实训手册（工作手册式）

党威武　李桂玲　张　涛◎主编

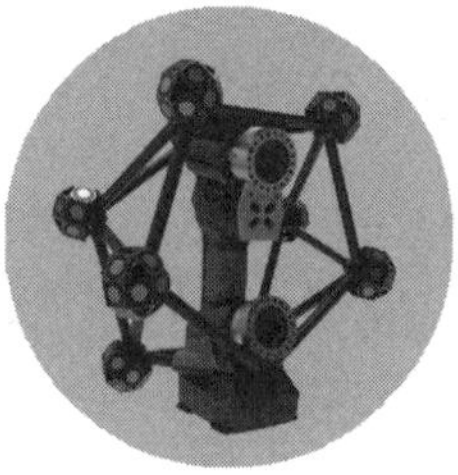

中国石化出版社

## 内 容 提 要

本书分为精密测量基础技能训练和专项技能训练两大部分，基础技能训练部分包含尺寸评价、角度评价、几何公差项目评价、表面粗糙度评价、螺纹中径评价等实践能力训练模块；专项技能训练部分包含数字式影像仪、三坐标测量机两个模块。本书立足中、高等职业院校实际教学现状，力求突出职业教育教学特点，每个实训任务均配有实施记录和知识链接，便于教师开展课堂教学和学生自学。

本书既可满足机械设计制造类、自动化类、航空装备类等专业《公差配合与测量技术》《现代检测技术应用》等课程实验实训教学需要，也可作为相关领域从业人员的参考书。

**图书在版编目（CIP）数据**

精密测量技术实训手册：工作手册式/党威武，李桂玲，张涛主编. —北京：中国石化出版社，2022.7（2023.8重印）
高等职业教育“十四五”规划教材
ISBN 978-7-5114-6741-6

Ⅰ. ①精… Ⅱ. ①党… ②李… ③张… Ⅲ. 精密测量－高等职业教育－教学参考资料 Ⅳ. ①TG806

中国版本图书馆CIP数据核字（2022）第103119号



**中国石化出版社出版发行**

地址：北京市东城区安定门外大街58号
邮编：100011 电话：(010) 57512500
发行部电话：(010) 57512575
http://www.sinopec-press.com
E-mail：press@sinopec.com
北京富泰印刷有限责任公司印刷
全国各地新华书店经销

*

710×1000毫米16开本9.75印张180千字
2022年7月第1版 2023年8月第2次印刷
定价：30.00元

# 《精密测量技术实训手册》
## 编 委 会


主　编：党威武　李桂玲　张　涛

编　委：胡艳凯　黄金荣　张伟博
黄建娜

# 前　言

精密测量技术是一门集计算机技术、光学技术、电子技术、传感器技术等为一体的综合性交叉学科，是一门理论性和实践性要求都非常高的前沿学科，涉及领域广，应用范围大。在现代工业制造中，精密测量技术正朝着数字化、模块化、智能化等方向发展，熟知精密测量方面理论知识，掌握精密测量实践技能，是现代工业制造中的基本要求，也是独立完成机械产品质量检验的重要基础。

本实训手册是为满足装备制造大类近机械专业《公差配合与测量技术》《现代检测技术应用》等课程实验实训教学需要而编写的，编写过程中，立足中、高职实际教学现状，以提高学生工程实践能力为首要任务，突出职业教育特色，符合中、高职教学规律，旨在训练学生精密测量基本技能与现代检测专项技能。

全书共分为精密测量基础技能训练和专项技能训练两大部分。其中，基础技能训练部分包含尺寸评价、角度评价、几何公差项目评价、表面粗糙度评价、螺纹中径评价等实践能力训练模块，并对常用计量器具使用规范与维护保养作简要论述，旨在培养学生了解基础量具的分类、掌握正确的使用方法和维护保养规程，训练学生精密测量基础能力，培养学生精度意识、质量意识等职业素养。专项技能训练部分主要包含数字式影像仪和三坐标测量机两个专机训练模块，每个模块编写时，以企业典型零件为载体，检测过程接近企业实际，训练学生运用现代检测仪器完成零件尺寸、几何公差项目等精度分析与检测任务，旨在让学生了解仪器原理、掌握操作方法和维护保养规范流程。

本书由陕西国防工业职业技术学院党威武、李桂玲、张涛担任主编，参与编写的还有陕西国防工业职业技术学院胡艳凯。第一部分模块三、模块四、模块五及第二部分模块二的任务八、任务九由党威武编写；第一部分模块一、模块二、模块六由李桂玲编写；第二部分模块二的任务四、任务五、任务六、任务七由张涛编写；第二部分模块一由胡艳凯编写；全书由党威武统稿。编写过程中，得到了陕西国防工业职业技术学院黄金荣和张伟博两位老师、河南工业职业技术学院黄建娜老师、陕西柴油机重工有限公司李兴高级工程师、陕西省户县东方机械有限公司李慎安研究员级高级工程师及海克斯康测量技术（青岛）有限公司王忠强高级讲师的大力支持，在此一并表示感谢！

鉴于编者水平有限，加上现代智能检测技术发展迅速，书中不妥之处在所难免，恳请读者批评指正。

# 目　录

## 第一部分　精密测量基础技能训练

## 第二部分　精密测量专项技能训练

# 第一部分　精密测量基础技能训练

# 模块一　尺寸评价

## 任务一　用游标卡尺测量零件内、外尺寸

### 1.1　任务描述

(1)用游标卡尺测量零件长度；

(2)用游标卡尺测量轴径尺寸；

(3)用游标卡尺测量内孔尺寸。

### 1.2　实训目标

**❑ 知识目标**

(1)熟悉不同类型游标卡尺的结构及组成；

(2)掌握不同类型游标卡尺的读数方法及测量步骤。

**❑ 技能目标**

能正确使用游标卡尺进行尺寸评价。

**❑ 素质目标**

(1)培养学生规范使用量具的意识；

(2)培养学生的质量意识。

## 1.3　实施记录

**测量报告单（一）——用游标卡尺测量零件长度**

<table>
<tr><td rowspan="2">量　具</td><td colspan="3">名　称</td><td colspan="3">测量范围</td><td>分度值</td></tr>
<tr><td colspan="3"></td><td colspan="3"></td><td></td></tr>
<tr><td rowspan="4">被测零件</td><td colspan="2">名　称</td><td colspan="2">标注尺寸</td><td colspan="3">极限尺寸</td></tr>
<tr><td colspan="2" rowspan="3"></td><td colspan="2">①</td><td colspan="3">上：<br>下：</td></tr>
<tr><td colspan="2">②</td><td colspan="3">上：<br>下：</td></tr>
<tr><td colspan="2">③</td><td colspan="3">上：<br>下：</td></tr>
<tr><td>测量方法</td><td colspan="7"></td></tr>
<tr><td rowspan="3">测量数据</td><td>①</td><td></td><td colspan="2"></td><td colspan="2"></td><td></td></tr>
<tr><td>②</td><td></td><td colspan="2"></td><td colspan="2"></td><td></td></tr>
<tr><td>③</td><td></td><td colspan="2"></td><td colspan="2"></td><td></td></tr>
<tr><td rowspan="3">数据处理</td><td colspan="7">①</td></tr>
<tr><td colspan="7">②</td></tr>
<tr><td colspan="7">③</td></tr>
<tr><td>结　论</td><td colspan="2">①</td><td colspan="3">②</td><td colspan="2">③</td></tr>
<tr><td>理　由</td><td colspan="2">①</td><td colspan="3">②</td><td colspan="2">③</td></tr>
</table>

## 测量报告单（二）——用游标卡尺测量轴径尺寸

<table>
<tr><td rowspan="2">量　具</td><td colspan="3">名　称</td><td colspan="2">测量范围</td><td>分度值</td></tr>
<tr><td colspan="3"></td><td colspan="2"></td><td></td></tr>
<tr><td rowspan="4">被测零件</td><td colspan="2">名　称</td><td>标注尺寸</td><td colspan="3">极限尺寸</td></tr>
<tr><td colspan="2" rowspan="3"></td><td>①</td><td colspan="3">上：<br>下：</td></tr>
<tr><td>②</td><td colspan="3">上：<br>下：</td></tr>
<tr><td>③</td><td colspan="3">上：<br>下：</td></tr>
<tr><td>测量方法</td><td colspan="6"></td></tr>
<tr><td rowspan="3">测量数据</td><td>①</td><td></td><td></td><td></td><td colspan="2"></td></tr>
<tr><td>②</td><td></td><td></td><td></td><td colspan="2"></td></tr>
<tr><td>③</td><td></td><td></td><td></td><td colspan="2"></td></tr>
<tr><td rowspan="3">数据处理</td><td colspan="6">①</td></tr>
<tr><td colspan="6">②</td></tr>
<tr><td colspan="6">③</td></tr>
<tr><td>结　论</td><td colspan="2">①</td><td colspan="2">②</td><td colspan="2">③</td></tr>
<tr><td>理　由</td><td colspan="2">①</td><td colspan="2">②</td><td colspan="2">③</td></tr>
</table>

## 测量报告单（三）——用游标卡尺测量内孔尺寸

<table>
<tr><td rowspan="2">量　具</td><td colspan="3">名　称</td><td colspan="2">测量范围</td><td>分度值</td></tr>
<tr><td colspan="3"></td><td colspan="2"></td><td></td></tr>
<tr><td rowspan="4">被测零件</td><td colspan="2">名　称</td><td colspan="2">标注尺寸</td><td colspan="2">极限尺寸</td></tr>
<tr><td colspan="2" rowspan="3"></td><td colspan="2">①</td><td colspan="2">上：<br>下：</td></tr>
<tr><td colspan="2">②</td><td colspan="2">上：<br>下：</td></tr>
<tr><td colspan="2">③</td><td colspan="2">上：<br>下：</td></tr>
<tr><td>测量方法</td><td colspan="6"></td></tr>
<tr><td rowspan="3">测量数据</td><td>①</td><td></td><td></td><td></td><td colspan="2"></td></tr>
<tr><td>②</td><td></td><td></td><td></td><td colspan="2"></td></tr>
<tr><td>③</td><td></td><td></td><td></td><td colspan="2"></td></tr>
<tr><td rowspan="3">数据处理</td><td colspan="6">①</td></tr>
<tr><td colspan="6">②</td></tr>
<tr><td colspan="6">③</td></tr>
<tr><td>结　论</td><td colspan="2">①</td><td colspan="2">②</td><td colspan="2">③</td></tr>
<tr><td>理　由</td><td colspan="2">①</td><td colspan="2">②</td><td colspan="2">③</td></tr>
</table>

## 1.4　知识链接

### 1.4.1　量具介绍

游标卡尺是一种常用的量具，具有结构简单、使用方便、精度中等和测量尺寸范围大等特点，主要用来测量零件的外径、内径、长度、宽度、厚度、深度和孔距等，应用范围较广。游标卡尺按读数方式不同可以分为刻线式、带表式和数显式三种，如表1–1–1所示。按结构不同可以分为三种形式，如表1–1–2所示。

**表1-1-1　不同读数方式游标卡尺**

| 序号 | 类型 | 结构 |
|---|---|---|
| 1 | 刻线式游标卡尺 | 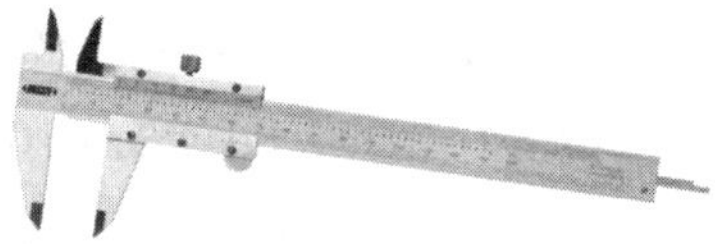 |
| 2 | 带表式游标卡尺 | 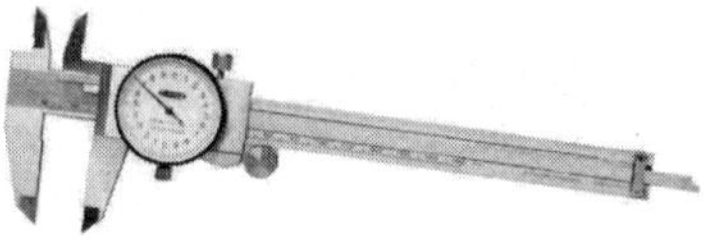 |
| 3 | 数显式游标卡尺 |  |

**表1-1-2　不同结构形式游标卡尺**

| 序号 | 结构特点 | 结构介绍 | 测量范围 |
|---|---|---|---|
| 1 | 带有刀口形的上、下量爪及深度尺 | 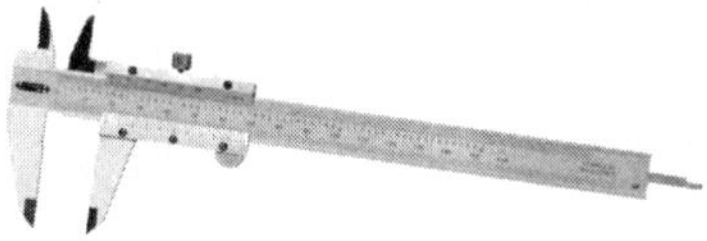 | 0~150mm |
| 2 | 带有内、外测量面的下量爪和刀口形的上量爪 |  | 0~300mm |

续表

| 序号 | 结构特点 | 结构介绍 | 测量范围 |
| --- | --- | --- | --- |
| 3 | 只带有内、外测量面的下量爪 |  | 0~500mm |

### 1.4.2　读数原理及方法

1. 读数原理

游标类量具读数部分主要由主尺与副尺（游标）组成，所谓游标读数原理是利用游标原理进行细分读数，也就是利用主尺刻线间距与游标刻线间距的差进行小数读数，主尺刻线间距与游标刻线间距的差值就是游标卡尺的分度值。游标卡尺的分度值分为0.1mm、0.02mm和0.05mm三种。

当主尺刻线间距为1mm，游标零线与主尺零线对齐（两爪合并）时，游标上的第10格刻线正好与主尺上的9mm刻线对准，而游标上的其他刻线则不会与主尺上任何一条刻线对准，如图1-1-1所示。

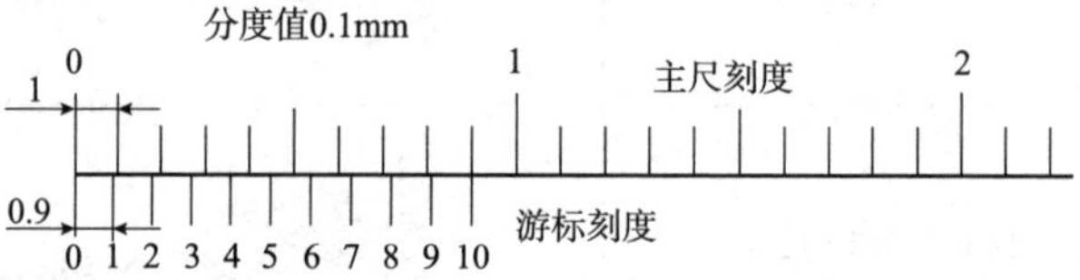


图 1-1-1　游标读数原理

游标每格间距=9mm ÷ 10=0.9mm；

主尺每格间距与游标每格间距相差=1mm-0.9mm=0.1mm；

则该游标卡尺的分度值为0.1mm。

当主尺刻线间距（每格）为1mm，游标零线与主尺零线对准（两爪合并）时，游标上的第20刻线正好与主尺上的39mm刻线对准，而游标上的其他刻线则不会与主尺上任何一条刻线对准，如图1-1-2所示。

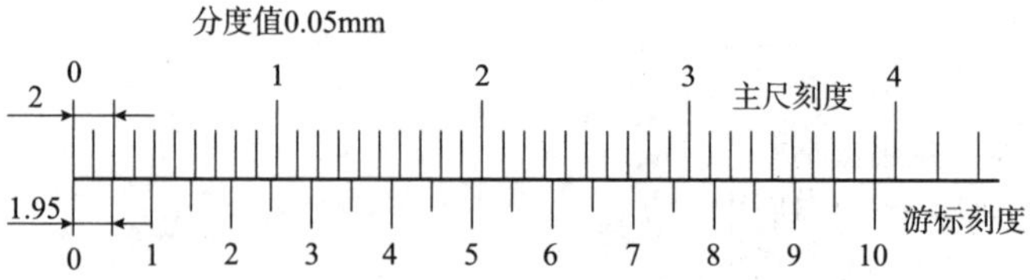


图 1-1-2　游标读数原理

游标每格间距=39mm÷20=1.95mm；

主尺2格间距与游标1格间距相差=2mm−1.95mm=0.05mm；

则该游标卡尺的分度值为0.05mm。

当主尺刻线间距（每格）为1mm，游标零线与主尺零线对准（两爪合并）时，游标上的第50格刻线正好与主尺上的49mm刻线对准，而游标上的其他刻线则不会与主尺上任何一条刻线对准，如图1-1-3所示。

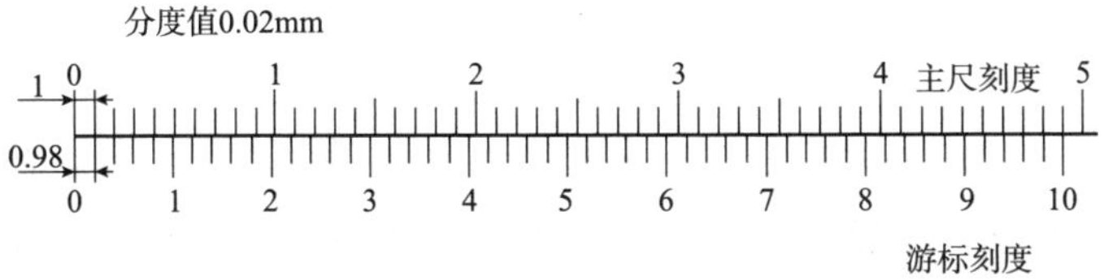


图1-1-3　游标读数原理

游标每格间距=49mm÷50=0.98mm；

主尺每格间距与游标每格间距相差=1mm−0.98mm=0.02mm；

则该游标卡尺的分度值为0.02mm。

2. 读数方法

游标卡尺的读数机构，是由主尺和游标两部分组成。读数时，应先看清楚游标分度值，以游标卡尺的“0”线为读数的基准，同时看清楚主尺刻线和游标刻线。首先在主尺刻线上读出整数部分，再看游标尺的哪条刻度线与主尺上的某条刻度线对齐（共几格），格数与分度值之积作为小数部分，则

读数结果=主尺整数+格数×分度值

### 1.4.3　测量步骤

（1）将游标卡尺及被测零件表面擦干净。

（2）检查游标卡尺。

尺框移动时要活动自如，不应有过松、过紧及晃动现象；用螺钉固定尺框时，卡尺的读数不能有所改变。

（3）对线。

（4）用绝对测量法测量零件长度。

把游标卡尺的外量爪张开（大于被测尺寸），把零件贴靠在固定量爪上，然后移动尺框，用轻微的压力使活动量爪接触零件（游标卡尺两测量面的连线应垂直于被测量表面，不能歪斜），拧紧微动装置上的固定螺钉，再转动调节螺母，使量爪接触零件并读取尺寸数值。

注意：不可把卡尺的两个量爪调节到接近甚至小于所测尺寸，将其强制卡到零件上去。这样做会使量爪变形，或使测量面过早磨损，致使卡尺失去应有的精度。

（5）用相对测量法测量$\phi$50h10轴径尺寸。

将50mm的量块擦干净，张开游标卡尺的外量爪，把量块工作面贴靠在固定量爪上，然后移动尺框，用轻微的压力使活动量爪接触量块另一工作面，并进行读数，记作$A$。

则 $A-50$=补偿值

张开游标卡尺的外量爪（大于被测直径），把轴的直径位置贴靠在固定量爪上，然后移动尺框，用轻微的压力使活动量爪接触零件，并进行读数，记作$d_1$。

则 被测轴径$d=d_1+$补偿值

（6）用游标卡尺测量内孔尺寸。

张开游标卡尺的内测量爪（小于被测孔径），使固定量爪贴靠在孔壁一侧，然后移动尺框，用轻微的压力使活动量爪接触孔壁另一侧，读数并记录。

# 任务二　用外径千分尺测量轴径尺寸

## 2.1　任务描述

用外径千分尺测量轴径尺寸$\phi 46h9\left(^{\ 0}_{-0.062}\right)$。

## 2.2　实训目标

### ❑ 知识目标

（1）熟悉外径千分尺的组成结构；
（2）掌握外径千分尺的读数原理。

### ❑ 技能目标

（1）能对外径千分尺进行零位校准；
（2）能正确使用外径千分尺进行尺寸评价。

### ❑ 素质目标

（1）培养学生规范使用量具的意识；
（2）培养学生精益求精的职业素养。

## 2.3 实施记录

**测量报告单——用外径千分尺测量轴径尺寸**

<table>
<tr><td rowspan="2">量 具</td><td colspan="3">名 称</td><td colspan="3">测量范围</td><td>分度值</td></tr>
<tr><td colspan="3"></td><td colspan="3"></td><td></td></tr>
<tr><td rowspan="4">被测零件</td><td colspan="2">名 称</td><td colspan="2">标注尺寸</td><td colspan="3">极限尺寸</td></tr>
<tr><td colspan="2" rowspan="3"></td><td colspan="2">①</td><td colspan="3">上：<br>下：</td></tr>
<tr><td colspan="2">②</td><td colspan="3">上：<br>下：</td></tr>
<tr><td colspan="2">③</td><td colspan="3">上：<br>下：</td></tr>
<tr><td>测量方法</td><td colspan="7"></td></tr>
<tr><td rowspan="3">测量数据</td><td>①</td><td></td><td colspan="2"></td><td colspan="2"></td><td></td></tr>
<tr><td>②</td><td></td><td colspan="2"></td><td colspan="2"></td><td></td></tr>
<tr><td>③</td><td></td><td colspan="2"></td><td colspan="2"></td><td></td></tr>
<tr><td rowspan="3">数据处理</td><td colspan="7">①</td></tr>
<tr><td colspan="7">②</td></tr>
<tr><td colspan="7">③</td></tr>
<tr><td>结 论</td><td colspan="2">①</td><td colspan="3">②</td><td colspan="2">③</td></tr>
<tr><td>理 由</td><td colspan="2">①</td><td colspan="3">②</td><td colspan="2">③</td></tr>
</table>

## 2.4　知识链接

### 2.4.1　量具介绍

外径千分尺的结构如图1-1-4所示，主要由尺架、测微头、测力装置、锁紧装置和制动器等组成。尺架一端装有固定测头，另一端则装有测微头。尺架的两侧面上覆盖有隔热板，防止手上温度对测量数据产生影响，降低千分尺测量精度。

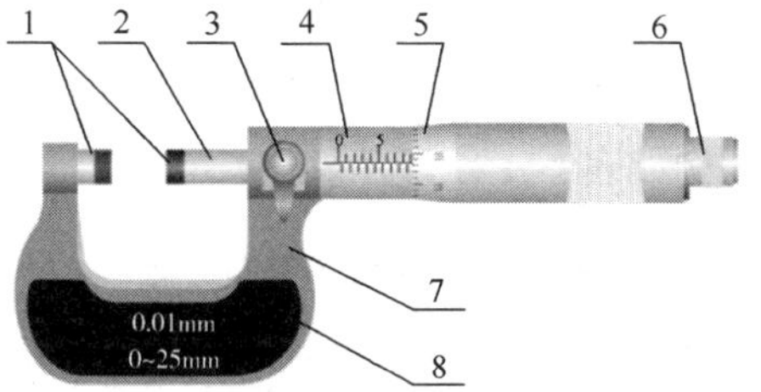


图 1-1-4　外径千分尺结构

1—测砧；2—测微螺杆；3—制动器；4—固定套筒；5—微分筒；6—测力装置；7—尺架；8—隔热板

### 2.4.2　读数原理及方法

1. 读数原理

外径千分尺的工作原理就是应用螺旋读数机构，包括一对精密的螺纹（测微螺杆与螺纹轴套）和一对读数套筒（固定套筒与微分筒）。用千分尺测量零件时，就是把被测零件置于千分尺的两个测量面之间，所以，两测量面之间的距离就是零件实际尺寸。当测微螺杆在螺纹轴套中旋转时，根据螺旋线原理，测量螺杆发生轴向移动，使两测砧面之间的距离发生变化。如测微螺杆按顺时针的方向旋转一周，两测砧面之间的距离就缩小一个螺距。同理，若按逆时针方向旋转一周，则两砧面的距离就增大一个螺距。常用千分尺测微螺杆的螺距为0.5mm，因此，当测微螺杆顺时针旋转一周时，两测砧面之间的距离就缩小0.5mm。当测微螺杆顺时针旋转不到一周时，缩小的距离就小于一个螺距，具体数值可从与测微螺杆结成一体的微分筒圆周刻度上读出。微分筒的圆周上刻有50个等分线，当微分筒转一周时，测微螺杆就推进或后退0.5mm，微分筒转过它本身圆周刻度的一小格时，两测砧面之间转动的距离为：0.5mm ÷ 50=0.01mm。

由此可知，千分尺上的螺旋读数机构可以正确地读出0.01mm的数值，也就说千分尺的分度值为0.01mm。

2.读数方法

在千分尺的固定套筒上刻有轴向中线，作为微分筒读数的基准线。另外，为了计算测微螺杆旋转的整数转，在固定套筒中线的两侧，刻有两排刻线，刻线间距均为1mm，上下两排相互错开0.5mm。

千分尺的具体读数方法可分为三步：

(1)读出固定套筒上露出的刻线尺寸，一定要注意不能遗漏应读出的0.5mm的刻线值；

(2)读出微分筒上的尺寸，要看清微分筒圆周上哪一格与固定套筒的中线基准对齐，将格数乘0.01mm，即得微分筒上的尺寸；

(3)将上面两个数值相加，即为千分尺上测量的实际尺寸数值。

外径千分尺读数示例如表1-1-3所示。

**表1-1-3　外径千分尺读数**

| 序号 | 示例照片 | 读数过程 | 实际测量值 |
|---|---|---|---|
| 1 | 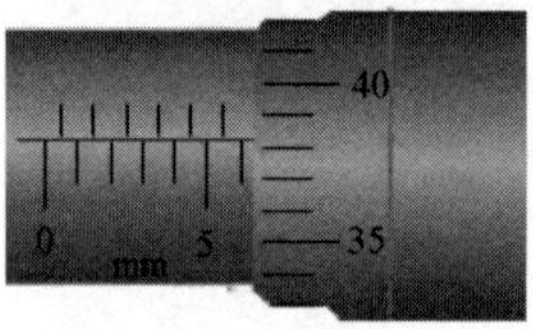  | 固定套筒上数值为6mm，<br>微分筒上数值为<br>38.3（格）×0.01mm=0.383mm，<br>两者相加即为实际测量值 | 6.383mm |
| 2 | 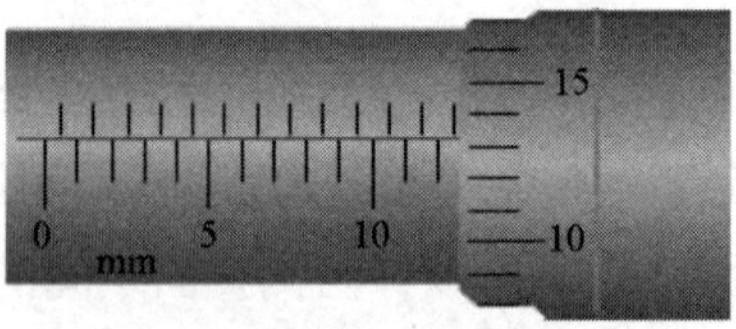  | 固定套筒上数值为12.5mm，<br>微分筒上数值为<br>13.3（格）×0.01mm=0.133mm，<br>两者相加即为实际测量值 | 12.633mm |
| 3 | 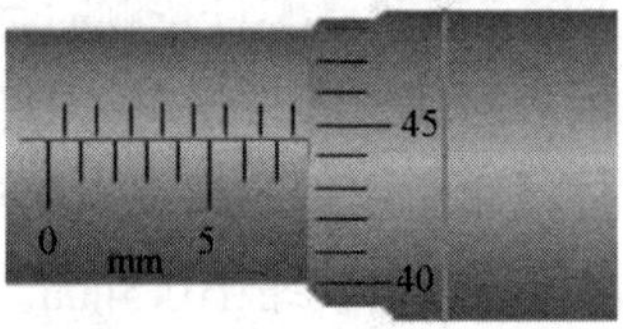  | 固定套筒上数值为7.5mm，<br>微分筒上数值为<br>44.7（格）×0.01mm=0.447mm，<br>两者相加即为实际测量值 | 7.947mm |

3.千分尺零位校正

千分尺零位不准，会导致测量结果不正确，容易造成产品质量事故。所以，使用千分尺前，应当进行千分尺零位校正。所谓千分尺零位校正，就是把千分尺的两个测砧面擦干净，转动测微螺杆使它们贴合在一起(这里以0~25mm的千分尺为例，若测量范围大于0~25mm时，应该在两测砧面间放上校准棒），检查微分筒圆周上的“0”刻线是否对准固定套筒中线，微分筒的端面是否正好使固定套筒上的“0”刻线露出来。如果两者位置都是正确的，则认为千分尺零位无误（图1–1–5），否则就要进行校正。

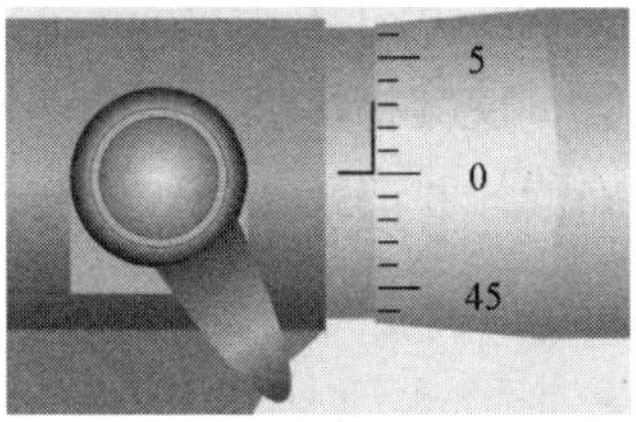

图 1–1–5　外径千分尺的零位

如果零位是由于微分筒的轴向位置不对，如微分筒的端部盖住固定套筒上的“0”刻线，或“0”刻线露出太多，则必须进行校正。此时，可用制动器把测微螺杆锁住，再用千分尺的专用扳手，插入测力装置轮轴的小孔内，把测力装置松开（逆时针旋转），调整微分筒，即轴向移动一小段距离，使固定套筒上的“0”线正好露出来，同时使微分筒的零线对准固定套筒的中线，然后把测力装置旋紧。

如果零位是由于微分筒的零线没有对准固定套筒的中线，也必须进行校正。此时，可用千分尺的专用扳手，插入固定套筒的小孔内，把固定套筒转过一点，使之对准零线。但当微分筒的零线相差较大时，不应当采用此种方法调整，而应采用松开测力装置转动微分筒的方法来校正。

### 2.4.3　测量步骤

（1）测量前准备。

①先将外径千分尺与被测零件擦干净，检查外径千分尺各部件是否灵活，螺钉是否有脱落现象；

②根据被测零件的尺寸选择外径千分尺的测量范围，被测零件的外径尺寸为$\phi 46h9\,(^{\;0}_{-0.062})$ mm，则需要选择测量范围为25~50mm的外径千分尺。

（2）零位校准。

将外径千分尺的测砧及25mm的校准棒擦干净。将校准棒放在两测砧之间，并使校准棒的一端与测砧接触，旋转微分筒，当另一测砧与校准棒快接触的时候，停止旋转微分筒，改为旋转后面的测力装置，当听到“咔咔咔”的响声时，说明校准棒与测砧接触，这时再旋转测力装置3~5圈，给一个可靠的、均匀的测量力。此时，看微分筒上的零刻线是否与固定套筒上的中线重合，并且主尺上25mm刻线与微分筒边缘相切。如果零位不准，则需要进行校准，校准时将小扳手放入固定套筒上的小孔内轻轻转动，直至零位调整正确。

（3）测量。

旋转微分筒，使外径千分尺的尺寸大于46mm，将被测零件放入外径千分尺的两测砧之间，旋转测力装置，使其相接触，正确测量位置如图1-1-6所示，然后旋转测力装置3~5圈，正确读数并记录。一般应在被测零件轴径的不同位置多测几组数据。

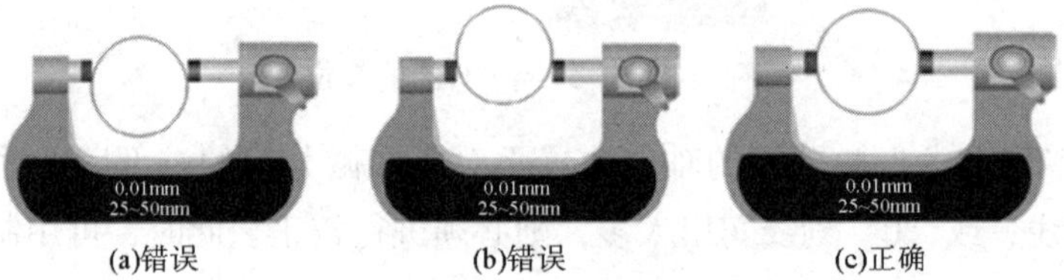


图 1-1-6　测量位置示意图

# 任务三　用内径千分尺测量内孔尺寸

## 3.1　任务描述

用内径千分尺测量内孔尺寸。

## 3.2　实训目标

### ❑ 知识目标

（1）熟悉内径千分尺的组成结构；

（2）掌握内径千分尺的读数原理。

### ❑ 技能目标

（1）能对内径千分尺进行零位校准；

（2）能正确使用内径千分尺进行尺寸评价。

### ❑ 素质目标

（1）培养学生规范使用量具的意识；

（2）培养学生认真负责的质量意识与职业素养。

## 3.3 实施记录

**测量报告单——用内径千分尺测量内孔尺寸**

| | | | | |
|---|---|---|---|---|
| 量具 | 名称 | 测量范围 | 分度值 | |
| | | | | |
| 被测零件 | 名称 | 标注尺寸 | 极限尺寸 | |
| | | ① | 上：<br>下： | |
| | | ② | 上：<br>下： | |
| | | ③ | 上：<br>下： | |
| 测量方法 | | | | |
| 测量数据 | ① | | | |
| | ② | | | |
| | ③ | | | |
| 数据处理 | ① | | | |
| | ② | | | |
| | ③ | | | |
| 结论 | ① | ② | ③ | |
| 理由 | ① | ② | ③ | |

## 3.4 知识链接

### 3.4.1 量具介绍

内径千分尺，主要用于测量零件的孔径，也可用于测量槽宽或两个内表面之间的距离。内径千分尺的分度值为0.01mm，测量范围有50~250mm、50~600mm、100~1225mm等，最大可达到5000mm。

如图1-1-7所示，内径千分尺由测微头和成套接长杆组成，测微头的测量最大值是13mm。使用时，往往要接长杆，所以又称为接杆千分尺。在测微头与接长杆的不同组合下实现不同的测量范围，内径千分尺接长时，拧紧力必须适中，不可过大或过小。成套的内径千分尺一般附有测量面为两平行平面的校对卡规，用于校对测微头的“零”位。

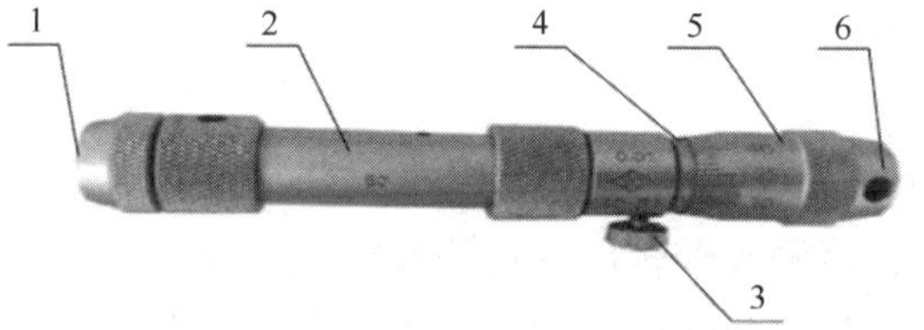


图 1-1-7 内径千分尺结构示意图

1—测量头；2—接长杆；3—锁紧装置；4—固定套筒；5—微分筒；6—测微头

普通内径千分尺上没有测力装置，主要依靠手感来控制测量力，因此在使用过程中，测量误差相对较大。测量时，把内径千分尺调整到所测量的尺寸后，轻轻放入孔内，两测头与被测工件表面接触，接触力不要超过内径千分尺自重引起的摩擦力，且测量力尽量均匀。保持内径千分尺一端不动，另一端做前、后、左、右摆动，找到直径的正确位置。测量过程中，切不可用力将内径千分尺压入孔径，这样不但会使测量面过早磨损，而且会导致细长的测量杆弯曲变形，降低测量精度。

### 3.4.2 读数原理及方法

内径千分尺的读数原理、方法与外径千分尺相同。

### 3.4.3 测量步骤

（1）将内径千分尺与被测零件表面擦干净。

（2）零位校准。

将内径千分尺的两测头及校对卡规的工作面擦净，将固定测头靠在卡规的一个工作面上，一只手扶住该测头和卡规，另一只手轻轻在前、后、左、右摆动微分测头，并慢慢地旋转微分筒，找出卡规两工作面间的最小距离，这时内径千分尺读数应与卡规的实际尺寸相同，即微分筒上的“0”刻线与主尺上的水平线对齐，则表明“零”位正确，如果不正确，则应进行调整。调整方法与外径千分尺调零方法相同。

（3）选用合适的接长杆。

根据被测尺寸大小，按照规定选取接长杆。选择标准是：要尽可能选取数量最少的接长杆来组成所需的尺寸，以减少累计误差，如果选用两根或两根以上的接长杆，在进行连接时，最长的接长杆与微分头连接，最短的接长杆与固定测头连接，中间的接长杆按尺寸长短顺序排列。

测量$\phi$160mm内孔时，在微分头的基础上选择100mm接长杆进行连接，则测量范围是150~163mm。

（4）测量。

先将内径千分尺调整到比160mm略小一些尺寸状态，然后放入被测孔内，左手拿住固定测头，将测头轻轻压在被测孔壁上不动，右手慢慢转动微分筒，同时使活动测头在孔的径向截面内摆动，找出最大值，在轴向截面内摆动，找出最小值（此调整需重复进行几次）。然后拧紧锁紧装置，取出内径千分尺进行读数。测量时，至少测量垂直于轴线的三个截面，以提高测量数据的准确性。

# 任务四　用深度千分尺测量零件深度尺寸

## 4.1　任务描述

用深度千分尺测量$\phi$80mm孔径深度尺寸。

## 4.2　实训目标

### 知识目标

（1）熟悉深度千分尺的组成结构；
（2）掌握深度千分尺的读数原理。

### 技能目标

（1）能对深度千分尺进行零位校准；
（2）能正确使用深度千分尺进行尺寸评价。

### 素质目标

（1）培养学生规范使用量具的意识；
（2）培养学生认真负责的质量意识与职业素养。

## 4.3 实施记录

**测量报告单——用深度千分尺测量零件深度尺寸**

<table>
<tr><td rowspan="2">量 具</td><td colspan="3">名 称</td><td colspan="3">测量范围</td><td>分度值</td></tr>
<tr><td colspan="3"></td><td colspan="3"></td><td></td></tr>
<tr><td rowspan="4">被测零件</td><td colspan="2">名 称</td><td colspan="2">标注尺寸</td><td colspan="3">极限尺寸</td></tr>
<tr><td colspan="2" rowspan="3"></td><td colspan="2">①</td><td colspan="3">上：<br>下：</td></tr>
<tr><td colspan="2">②</td><td colspan="3">上：<br>下：</td></tr>
<tr><td colspan="2">③</td><td colspan="3">上：<br>下：</td></tr>
<tr><td>测量方法</td><td colspan="7"></td></tr>
<tr><td rowspan="3">测量数据</td><td>①</td><td></td><td colspan="2"></td><td colspan="2"></td><td></td></tr>
<tr><td>②</td><td></td><td colspan="2"></td><td colspan="2"></td><td></td></tr>
<tr><td>③</td><td></td><td colspan="2"></td><td colspan="2"></td><td></td></tr>
<tr><td rowspan="3">数据处理</td><td colspan="7">①</td></tr>
<tr><td colspan="7">②</td></tr>
<tr><td colspan="7">③</td></tr>
<tr><td>结 论</td><td colspan="2">①</td><td colspan="3">②</td><td colspan="2">③</td></tr>
<tr><td>理 由</td><td colspan="2">①</td><td colspan="3">②</td><td colspan="2">③</td></tr>
</table>

## 4.4　知识链接

### 4.4.1　量具介绍

1.结构

深度千分尺如图1-1-8所示，适用于测量表面粗糙度好、尺寸精度要求较高的通孔、盲孔、阶梯孔、槽深和台阶高度等。其结构特点是：深度千分尺基座5的工作面是测量时的基准面，测量杆6是可换的，通过更换测量杆可扩大测量范围，每根测量杆递增25mm，测杆的底部与测微螺杆端部采用弹性连接或螺纹连接，更换后，用锁紧装置4锁紧。

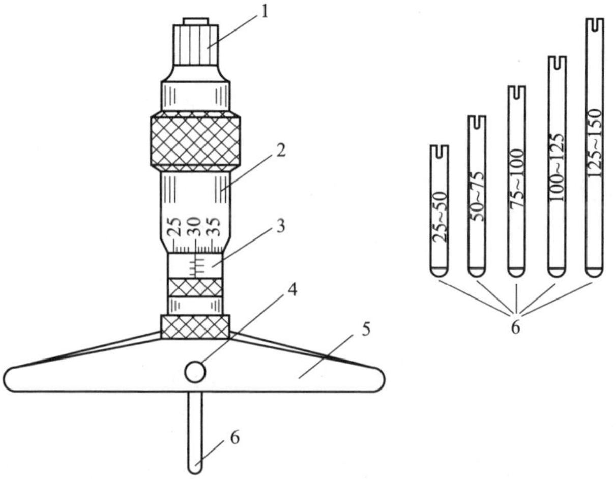


图 1-1-8　深度千分尺示意图

1—测力装置；2—微分筒；3—固定套管；4—锁紧装置；5—基座；6—测量杆

深度千分尺的测量范围有0~25mm、0~100mm、0~150mm，分度值为0.01mm。成套的深度千分尺附有圆筒式校对量具，用于校对“零”位。

2.“零”位校准

因为深度千分尺的测量杆容易磨损，所以应该经常对其“零”位进行校准。

校准时，先根据已经选取的测量杆尺寸，选取一个与所选测量杆尺寸相应的校对用量具，把两个测量面及深度千分尺的基座底面和测杆的测量面擦干净，将校对用量具放置在二级平面平晶或平行平晶的工作面上，如果没有平晶，可用“0”级研磨平板代替。将深度千分尺基座底面放置在校对用量具上，使深度千分尺测杆穿过校对用量具内孔，左手稍加压力压住底座，右手旋转测力装置，当听到“咔咔咔”的响声时，便可进行观察“零”位是否准确，如果“零”位不准则需进行校准，校准方法与外径千分尺的相同。当更换测量杆时，“零”位一般不会发生改变。

如果没有校对用量具，则可用4等或5等量块校对“零”位，用量块校对“零”位时，可在精密平板或平晶上进行。

### 4.4.2 读数原理及方法

深度千分尺读数方法与外径千分尺的相同。

### 4.4.3 测量步骤

（1）将深度千分尺底座下底面与被测零件表面擦干净，并去掉零件上的毛刺。

（2）“零”位校准。

选取70~100mm的测量杆与75mm的校对用量具，把校对用量具的两个测量面及深度千分尺测杆的测量面擦干净，将校对用量具放置在二级平面平晶工作面上，深度千分尺底座底面放置在校对用量具上，使深度千分尺测杆穿过校对用量具内孔，左手稍加压力压住底座，右手旋转测力装置，当听到“咔咔咔”的响声时，观察“零”位是否准确，如果“零”位不准则需进行校准，校准方法与外径千分尺的方法相同。当更换测量杆时，“零”位一般不会发生改变。

（3）测量。

把深度千分尺测杆从被测孔中穿过，左手稍加压力压住底座，将基座的测量面紧贴在被测孔的端面上，零件的这一端面应与孔的中心线垂直，且应光洁平整。深度千分尺的测量杆应与被测孔的中心线平行，以保证测量精度。右手旋转测力装置，当听到“咔咔咔”的响声时，进行读数。

（4）记录数据。

被测孔的深度为读数值与75mm之和。

# 任务五　用内径百分表测量孔径尺寸

## 5.1　任务描述

用内径百分表测量孔径尺寸。

## 5.2　实训目标

### 知识目标

（1）熟悉内径百分表的组成结构；

（2）掌握内径百分表的主要用途及读数原理。

### 技能目标

能正确使用内径百分表进行尺寸评价。

### 素质目标

（1）培养学生规范使用量具的意识；

（2）培养学生认真负责的质量意识与职业素养。

## 5.3 实施记录

**测量报告单——用内径百分表测量孔径尺寸**

<table>
<tr><td rowspan="2">量　具</td><td colspan="3">名　称</td><td colspan="2">测量范围</td><td>分度值</td></tr>
<tr><td colspan="3"></td><td colspan="2"></td><td></td></tr>
<tr><td rowspan="4">被测零件</td><td colspan="2">名　称</td><td>标注尺寸</td><td colspan="3">极限尺寸</td></tr>
<tr><td colspan="2" rowspan="3"></td><td>①</td><td colspan="3">上：<br>下：</td></tr>
<tr><td>②</td><td colspan="3">上：<br>下：</td></tr>
<tr><td>③</td><td colspan="3">上：<br>下：</td></tr>
<tr><td>测量方法</td><td colspan="6"></td></tr>
<tr><td rowspan="3">测量数据</td><td>①</td><td></td><td></td><td></td><td colspan="2"></td></tr>
<tr><td>②</td><td></td><td></td><td></td><td colspan="2"></td></tr>
<tr><td>③</td><td></td><td></td><td></td><td colspan="2"></td></tr>
<tr><td rowspan="3">数据处理</td><td colspan="6">①</td></tr>
<tr><td colspan="6">②</td></tr>
<tr><td colspan="6">③</td></tr>
<tr><td>结　论</td><td colspan="2">①</td><td colspan="2">②</td><td colspan="2">③</td></tr>
<tr><td>理　由</td><td colspan="2">①</td><td colspan="2">②</td><td colspan="2">③</td></tr>
</table>

## 5.4　知识链接

### 5.4.1　量具介绍

1. 用途

内径百分表是利用机械传动系统将活动测头的直线位移转变为指针在圆形刻度盘上的角位移，并在百分表的刻度盘进行读数的测量内尺寸的常用量具。测量时，用量块或标准圆环作为基准来进行调零，有时也用外径千分尺作为基准，采用相对测量法测量，特别适宜于测量大批量的深孔。其传动原理是：内径百分表活动测头所移动的距离与百分表的示值相等，也就是说，内径百分表传动机构的传动比为1。

2. 结构

内径百分表的结构如图1-1-9所示，内径百分表是用可换测头7（测量时固定不动）和活动测头8跟被测孔内壁接触进行测量的。成套内径百分表附有3个可换测头，测量范围分别为35~40mm、40~45mm、45~50mm，使用时根据被测零件尺寸大小来选择合适的测头。可换测头7装在三通管9的左端，活动测头8装在三通管的右端，直管5与三通管的上端连接，百分表1通过锁紧螺母3安装在直管5的上端。

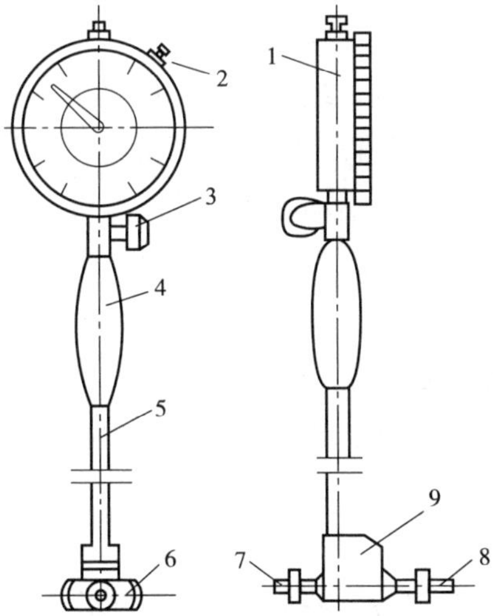


图 1-1-9　35~50mm 内径百分表结构示意图

1—百分表；2—制动器；3—锁紧螺母；4—隔热手柄；5 一直管；6—定心护桥；
7—可换测头；8—活动测头；9—三通管

### 5.4.2 读数原理及方法

用内径百分表测量孔径采用的方法是比较测量，所以测量前要进行调零。读数时，当拐点的位置与零位重合时，此时的偏差为0。当拐点的位置没有与零位重合时，说明实际尺寸与公称尺寸之间是有差值的。当指针顺时针旋转离开（超过）零位时，则实际尺寸小于公称尺寸，此时偏差读负值；当指针逆时针旋转离开（没有到达）零位时，则实际尺寸大于公称尺寸，此时偏差读正值。

### 5.4.3 测量步骤

（1）将被测零件（套筒$\phi$41H10）擦干净。

（2）安装内径百分表。

①安装百分表。将百分表慢慢放入直管中，调整压缩量0.5~1圈。调整好后用锁紧螺母3将其锁定。

②选择可换测头。根据套筒的公称尺寸41mm，选择40~45mm的测头，并检查测头的测量面是否有磨损，如果测量面有棱状存在，说明已经不是圆弧面，不能使用。

③安装可换测头。将选择好的可换测头旋入螺孔内，可换测头的长短控制在大于公差而小于半圈的范围内，调整好后用扳手将可换测头固定。

④用手轻轻按压几次活动测头，检查内径百分表的灵敏度和示值是否稳定。

（3）用量块对内径百分表进行调零。

选择40mm和1mm的量块进行组合，并用量块夹夹紧，则两装夹面之间的距离为41mm。一只手拿着隔热手柄，另一只手轻轻按压定心护桥，将活动测头压靠在量块夹子的专用测块上，使活动测头内缩，以保证放入可换测头时不与专用测块摩擦。当活动测头与可换测头都与专用测块接触时，可在垂直和水平（前后和左右）两个方向上摆动内径百分表，并找到最小值，也就是拐点的位置，如图1-1-10所示。然后，松开制动器，旋转表圈，使指针与零位重合。零位调整好后，用手指轻压定心护桥，使活动测头内缩，当可换测头脱离接触时，将内径百分表从专用测块中取出。

（4）测量。

手握隔热手柄，将内径百分表斜45°插入被测孔中，左右摆动找拐点，在拐点的位置进行读数，如图1-1-11所示。在套筒沿轴线方向测3个截面，每个截面在相互垂直的两个方位上各测量一次。

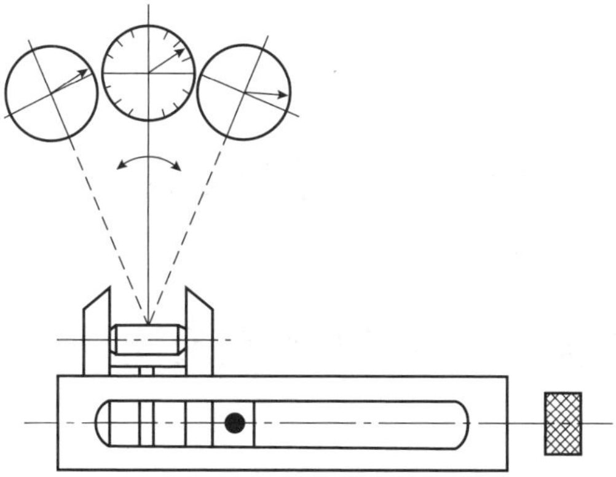

图 1-1-10　内径百分表调零示意图

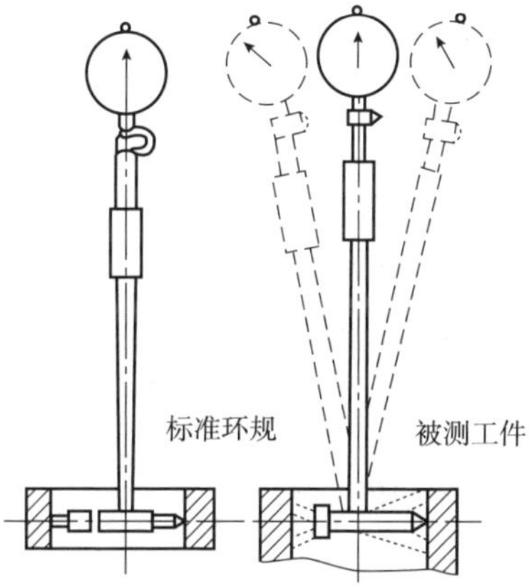


图 1-1-11　拐点确定方法

（5）记录数据。

内径百分表读数值与量块组合尺寸之和，即为被测内孔实际尺寸。

# 模块二　角度测量

## 任务六　用万能角度尺测量角度

### 6.1　任务描述

用万能角度尺测量角度。

### 6.2　实训目标

**❑ 知识目标**

（1）熟悉万能角度尺的组成结构；

（2）掌握万能角度尺的读数原理。

**❑ 技能目标**

能正确使用万能角度尺进行角度测量。

**❑ 素质目标**

（1）培养学生规范使用量具的意识；

（2）培养学生良好的职业素养。

## 6.3　实施记录

**测量报告单——用万能角度尺测量角度**

<table>
<tr><td rowspan="2">量　具</td><td colspan="3">名　称</td><td colspan="3">测量范围</td><td>分度值</td></tr>
<tr><td colspan="3"></td><td colspan="3"></td><td></td></tr>
<tr><td rowspan="4">被测零件</td><td colspan="2">名　称</td><td colspan="2">标注尺寸</td><td colspan="3">极限尺寸</td></tr>
<tr><td colspan="2" rowspan="3"></td><td colspan="2">①</td><td colspan="3">上：<br>下：</td></tr>
<tr><td colspan="2">②</td><td colspan="3">上：<br>下：</td></tr>
<tr><td colspan="2">③</td><td colspan="3">上：<br>下：</td></tr>
<tr><td>测量方法</td><td colspan="7"></td></tr>
<tr><td rowspan="3">测量数据</td><td>①</td><td></td><td colspan="2"></td><td colspan="2"></td><td></td></tr>
<tr><td>②</td><td></td><td colspan="2"></td><td colspan="2"></td><td></td></tr>
<tr><td>③</td><td></td><td colspan="2"></td><td colspan="2"></td><td></td></tr>
<tr><td rowspan="3">数据处理</td><td colspan="7">①</td></tr>
<tr><td colspan="7">②</td></tr>
<tr><td colspan="7">③</td></tr>
<tr><td>结　论</td><td colspan="2">①</td><td colspan="3">②</td><td colspan="2">③</td></tr>
<tr><td>理　由</td><td colspan="2">①</td><td colspan="3">②</td><td colspan="2">③</td></tr>
</table>

## 6.4 知识链接

### 6.4.1 量具介绍

万能角度尺也叫游标角度规，是利用活动直尺测量面相对于基尺测量面的旋转，对两测量面间分隔的角度进行测量的角度量具。通常用来测量工件和样板的内外角度，也用于加工调整时的角度画线。

1.结构

万能角度尺的结构如图1-2-1所示。在主尺1上刻有90个分度，游标8上刻有30个辅助分度，且游标8固定在扇形板4上，用卡块7可以把直角尺5固定在扇形板4上，直尺6也可以用卡块7固定在直角尺5上，主尺1与基尺2连接在一起，并可通过齿轮与弧形齿条在扇形板4的圆弧面和制动器3的圆弧面间移动，用制动器3可以把主尺1紧固在所需位置上，按不同方式组合直角尺、直尺，能够测量0°~320°范围内任意角度。

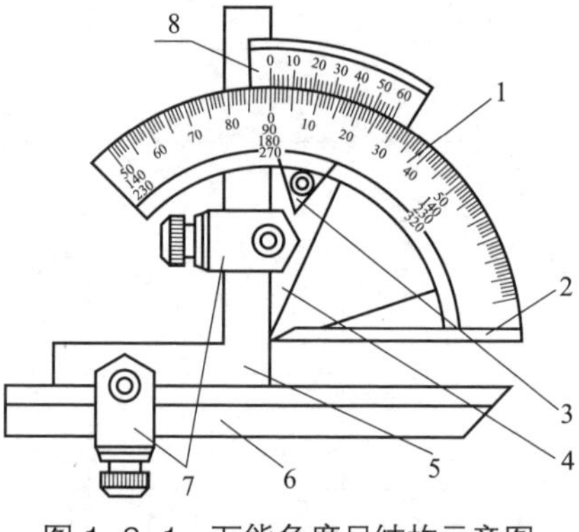


图 1-2-1 万能角度尺结构示意图

1—主尺；2—基尺；3—制动器；4—扇形板；5—直角尺；6—直尺；7—卡块；8—游标

2.调整零位

松开游标背面的两个螺丝，移动游标尺使其“0”线与主尺的“0”线以及游标尺的末端刻线与主尺相应刻线重合，然后锁紧螺丝对准“零”位。

### 6.4.2 读数原理及方法

1.读数原理

如图1-2-2所示，分度值为2′的万能角度尺。主尺的分度值为1°，游标的分度值是把主尺29格的一段弧长分成30格，则游标每格为：

$$\frac{29°}{30}=\frac{60'\times 29}{30}=58'$$

主尺一格和游标一格之间的差值为：

$$1°-58'=2'$$

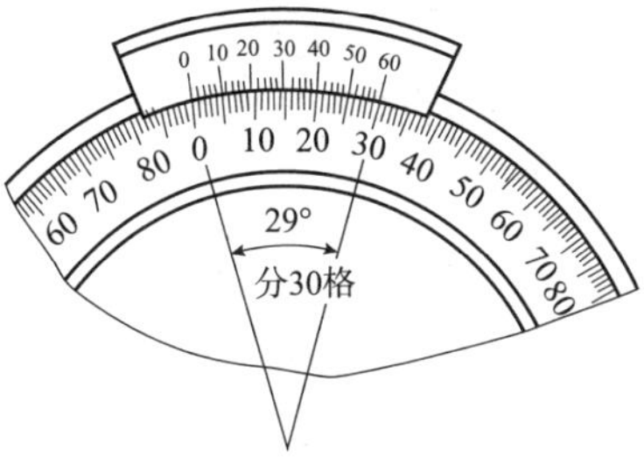


图 1-2-2　分度值为 2′的万能角度尺

2.使用方法

万能角度尺的安装及使用方法如表1-2-1所示。

**表1-2-1　万能角度尺的安装及使用**

| 测量角度范围 | 结构简图 | 安装及使用方法 |
|---|---|---|
| 0°～50° | 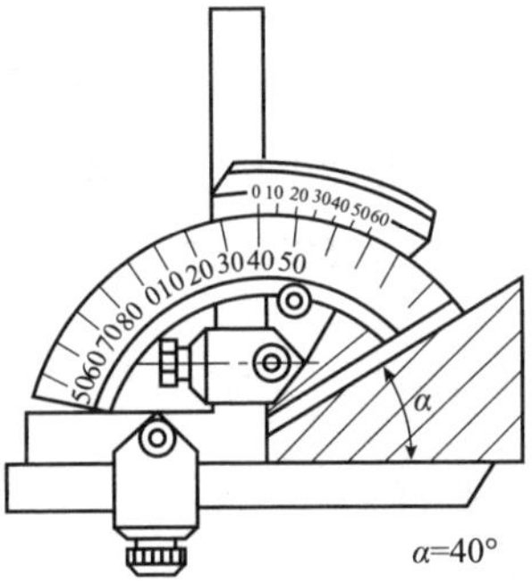 | 直尺与直角尺全部安装上，被测工件放置在基尺和直尺两测量面之间 |
| 50°～140° | 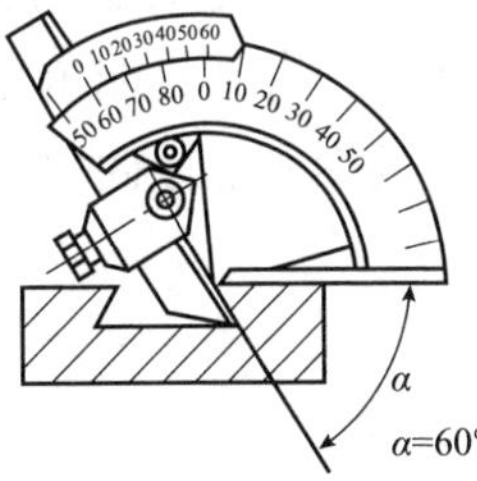 | 取下直角尺，将直尺用卡块装在扇形板上，被测工件放置在基尺和直尺两测量面之间 |

续表

| 测量角度范围 | 结构简图 | 安装及使用方法 |
| --- | --- | --- |
| 140° ~230° | 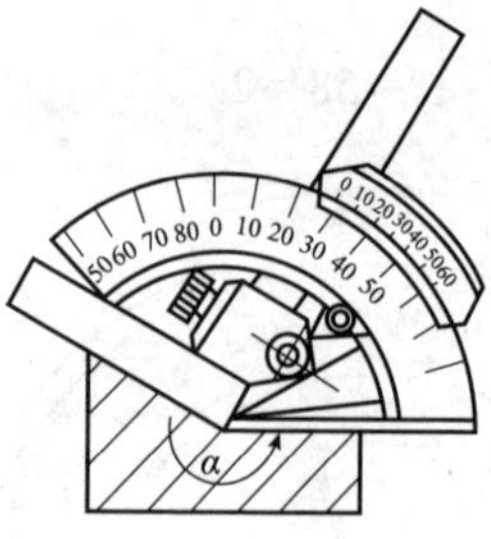<br>α=210° | 取下直尺和卡块，推直角尺至其短边与长边的交点和基尺尖端对齐，然后把直角尺和基尺的测量面靠在被测工件的工作面上进行测量 |
| 230° ~320° | 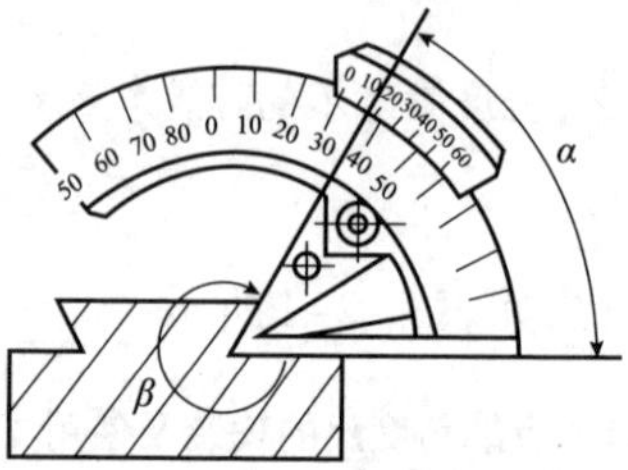<br>β=300° | 把直尺、直角尺和卡块全部取下来，直接用基尺和扇形板的测量面进行测量 |

3. 读数方法

万能角度尺的读数方法：被测零件角度值=主尺读数+游标读数

先从主尺上读出整数部分，再在游标上读出小数部分，然后两者相加即为被测角度数值。当测量工件内角时，要用360° 减去万能角度尺上的读数值。

### 6.4.3　测量步骤

（1）将万能角度尺的各工作面擦净。

（2）检查万能角度尺的零位是否正确。

（3）根据零件被测角度组合万能角度尺。

（4）测量时，松开制动器上螺帽，移动主尺进行粗调。

（5）转动游标背后的螺钉进行细调，直到万能角度尺的两侧面与被测工件的工作面密切接触为止，拧紧制动器上的螺帽加以固定，读数并记录。

# 模块三　几何公差项目评价

## 任务七　平行度误差检测

### 7.1　任务描述

完成轴套上表面对孔轴线的平行度误差检测，如图1-3-1所示。

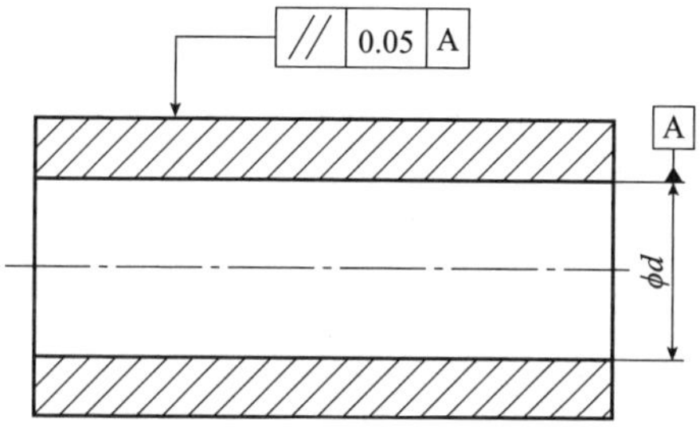


图 1-3-1　轴套零件标注简图

### 7.2　实训目标

**❑ 知识目标**

(1)理解平行度公差项目的含义；

(2)掌握打表法测量面对线平行度误差的原理。

**❑ 技能目标**

(1)能利用打表法进行平行度误差检测；

(2)能进行简单数据处理并进行合格性判定。

**❑ 素质目标**

培养学生良好的职业素养和质量意识。

## 7.3 实施记录

**测量报告单——平行度误差检测**

<table>
<tr><td rowspan="2">被测零件</td><td>名　称</td><td colspan="2">标注尺寸</td><td>平面度公差</td></tr>
<tr><td></td><td colspan="2"></td><td></td></tr>
<tr><td>测量器具</td><td colspan="4"></td></tr>
<tr><td>百分表<br>测量范围</td><td></td><td colspan="2">百分表<br>分度值</td><td></td></tr>
<tr><td>测量方法</td><td colspan="4"></td></tr>
<tr><td>测量数据</td><td>最大值：</td><td colspan="3">最小值：</td></tr>
<tr><td>数据处理</td><td colspan="4"></td></tr>
<tr><td colspan="2">测量简图</td><td colspan="3">公差带图</td></tr>
<tr><td>平面度误差</td><td colspan="4"></td></tr>
<tr><td>结　论</td><td></td><td>测量人员</td><td colspan="2"></td></tr>
<tr><td>理　由</td><td></td><td>测量日期</td><td colspan="2"></td></tr>
</table>

## 7.4　知识链接

### 7.4.1　测量方法

打表法。

### 7.4.2　计量器具

由图1-3-1可知，被测部位是轴套的上表面，基准是孔的轴心线，实验中加工一个特制的芯轴，用芯轴的轴线来模拟孔的轴线基准，芯轴与孔的配合应基本达到无间隙配合。根据公差要求，打表法所用指示表可选择百分表。

综上，检测时所选的量具、辅具有：测量平板、一对等高V形架、芯轴、百分表、万能表架。

### 7.4.3　测量步骤

（1）测量前准备。

将V形架擦干净放置在测量平板上，在万能表架上装夹百分表，擦干净芯轴、轴套孔，并将芯轴装入孔内，架在V形架上。

（2）转动轴套，将被测平面转至与测量平板基本平行位置，移动万能表架，使百分表测头与被测表面中间位置接触，并给百分表压缩量1~2圈。

（3）在上表面与轴线垂直方向上找一条直线，并在直线上确定两个点：A点和B点，转动轴套，使A点和B点等高，即将被测平面调整到与测量平板平行的位置。

调平方法：

移动万能表架，使百分表测头与A点接触并读数，继续移动测头到B点并读数。如果A点和B点的读数不一致，则说明A、B两点存在高度差。假如A点高、B点低，调整时，转动轴套，使B点上升高度差的一半左右，此时记下读数，再将测头移动至A点并读数，如果A、B两点还存在高度差，则继续调整，直到A、B两点等高为止。

（4）测量。

在整个被测表面上移动测头，找出最高点和最低点，分别读数并记录。

（5）数据处理。

最大值与最小值之差即为被测表面平行度误差值：$f=M_{max}-M_{min}$。

（6）合格性判定。

如果$f \leq T$，则该零件平行度项目合格；反之，不合格。

# 任务八　平面度误差检测

## 8.1　任务描述

测量小型平板上表面平面度误差，如图1–3–2所示。

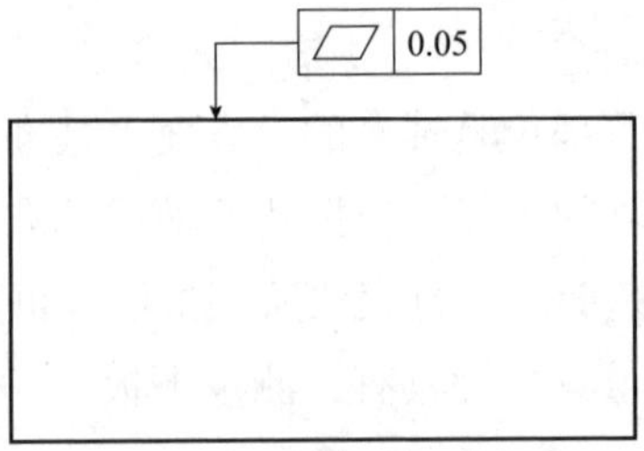


图 1–3–2　小型平板零件标注简图

## 8.2　实训目标

### ❑ 知识目标

（1）理解平面度公差项目的含义；

（2）掌握打表法测量平面度误差的原理。

### ❑ 技能目标

（1）能利用打表法进行平面度误差检测；

（2）能进行简单数据处理并进行合格性判定。

### ❑ 素质目标

培养学生良好的职业素养和质量意识。

## 8.3　实施记录

**测量报告单——平面度误差检测**

<table>
<tr><td rowspan="2">被测零件</td><td>名　称</td><td colspan="2">标注尺寸</td><td>平面度公差</td></tr>
<tr><td></td><td colspan="2"></td><td></td></tr>
<tr><td>测量器具</td><td colspan="4"></td></tr>
<tr><td>百分表<br>测量范围</td><td colspan="2"></td><td>百分表<br>分度值</td><td></td></tr>
<tr><td>测量方法</td><td colspan="4"></td></tr>
<tr><td>测量数据</td><td colspan="2">最大值：</td><td colspan="2">最小值：</td></tr>
<tr><td>数据处理</td><td colspan="4"></td></tr>
<tr><td colspan="3">测量简图</td><td colspan="2">公差带图</td></tr>
<tr><td>平面度误差</td><td colspan="4"></td></tr>
<tr><td>结　论</td><td colspan="2"></td><td>测量人员</td><td></td></tr>
<tr><td>理　由</td><td colspan="2"></td><td>测量日期</td><td></td></tr>
</table>

## 8.4 知识链接

### 8.4.1 测量方法

打表法（对角线等高法）。

### 8.4.2 计量器具

测量时所选的量具、辅具有：测量平板、可调支撑、磁性表架、百分表。

### 8.4.3 测量步骤

（1）测量前准备：

①将百分表装夹在万能表架上；

②将可调支撑旋转至中间部位，放置在测量平板上，如图1-3-3所示；

图 1-3-3 支承放置示意图

③将小型平板擦干净放置在可调支撑之上；

④将两个可调支承分别放在B、D两点的下方，将另外一个可调支承放在A、C两点中间的下方。

（2）调平。即将被测平面调整到一个与测量平板平行的位置。

方法：

调整万能表架，使百分表测头与被测平面的中点部位接触，并给百分表压缩量1~2圈。移动表座，将百分表测头与A点接触，转动表盘，将指针指向零位。继续移动万能表座使测头移动到B点并读数。如果A点和B点的读数值不一致，则说明A、B两点存在高度差。调整时旋转B点下面的可调支撑，调整的高度为A、B两点高度差的一半左右。再次移动表座，使测头从B点移动到A点，计算A、B两点的高度差。以同样的方法反复在A、B两点之间进行调整，直到A、B两点之间的高度相等。

以同样的方法调整C、D两点等高。待C、D两点调整好后，再继续对A、B两点和C、D两点进行调整（反复两次即可）。

（3）测量。

在整个被测表面上测量，找出被测表面的最高点和最低点，读数并记录。

（4）数据处理。

测量得到的最大值与最小值之差即为被测平面的平面度误差值：

$$f=M_{max}-M_{min}$$

（5）合格性判定。

如果$f \leqslant T$，则该零件平面度项目合格；反之，不合格。

# 任务九 径向圆跳动误差检测

## 9.1 任务描述

完成径向圆跳动误差检测，如图1-3-4所示。

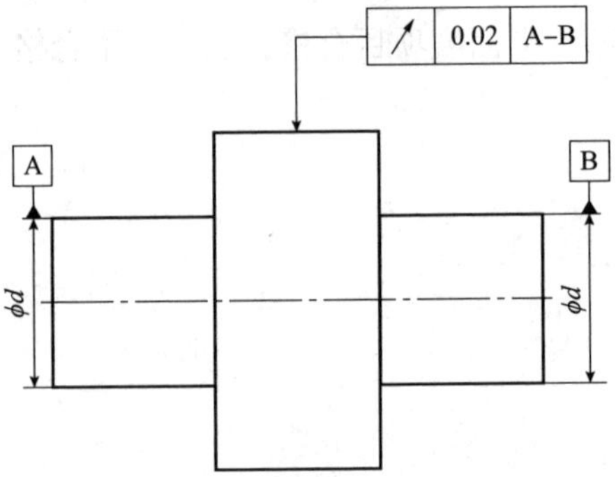


图 1-3-4 回转轴零件标注简图

## 9.2 实训目标

### 知识目标

(1)了解偏摆检查仪的用途及结构特点；
(2)理解径向圆跳动公差项目的含义；
(3)掌握径向圆跳动误差的测量原理。

### 技能目标

(1)能利用偏摆检查仪进行径向圆跳动误差检测；
(2)能进行简单数据处理并进行合格性判定。

### 素质目标

培养学生良好的职业素养和质量意识。

## 9.3　实施记录

**测量报告单——径向圆跳动误差检测**

<table>
<tr><td rowspan="2">被测零件</td><td colspan="2">名　称</td><td colspan="2">标注尺寸</td><td>径向圆跳动公差</td></tr>
<tr><td colspan="2"></td><td colspan="2"></td><td></td></tr>
<tr><td>测量器具</td><td colspan="5"></td></tr>
<tr><td>千分表<br>测量范围</td><td colspan="2"></td><td colspan="2">千分表<br>分度值</td><td></td></tr>
<tr><td>测量方法</td><td colspan="5"></td></tr>
<tr><td colspan="3">测量简图</td><td colspan="3">公差带图</td></tr>
<tr><td colspan="5">测量数据</td><td>数据处理</td></tr>
<tr><td>第一圈</td><td>最大值</td><td></td><td>最小值</td><td></td><td></td></tr>
<tr><td>第二圈</td><td>最大值</td><td></td><td>最小值</td><td></td><td></td></tr>
<tr><td>第三圈</td><td>最大值</td><td></td><td>最小值</td><td></td><td></td></tr>
<tr><td>径向圆跳动误差</td><td colspan="5"></td></tr>
<tr><td>结　论</td><td colspan="2"></td><td colspan="2">测量人员</td><td></td></tr>
<tr><td>理　由</td><td colspan="2"></td><td colspan="2">测量日期</td><td></td></tr>
</table>

## 9.4 知识链接

### 9.4.1 测量方法

打表法。

### 9.4.2 计量器具

测量时所选的量具、辅具有：偏摆检查仪、磁性表架、千分表。

### 9.4.3 测量步骤

（1）测量前准备。

将零件擦干净，装夹在偏摆检查仪两个顶尖之间，要求零件能自由转动且没有轴向窜动，将千分表装夹在万能表架上，如图1-3-5所示。

（2）移动表架调整位置，使千分表测杆轴线垂直于零件轴线，且测头与被测圆柱面的最高点接触，给压缩量1~2圈。

（3）慢慢转动零件一周，观察最高点与最低点数值并记录。一般应在被测圆柱面上至少测量三个圆截面。

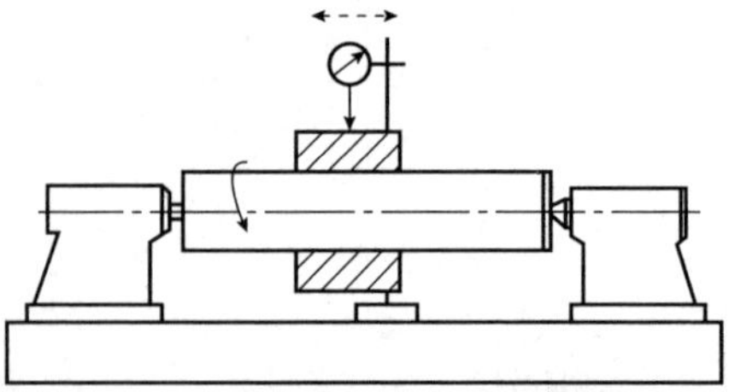

图 1-3-5　径向圆跳动测量示意图

（4）数据处理。

每个圆截面上测得的最大值与最小值之差，即为这个截面上的径向圆跳动误差值：

$$f=M_{max}-M_{min}$$

取其中的最大值作为测量结果。

（5）合格性判定。

如果$f \leqslant T$，则该零件径向圆跳动项目合格；反之，不合格。

# 任务十　垂直度误差检测

## 10.1　任务描述

完成面对面垂直度误差检测。

## 10.2　实训目标

### ❑ 知识目标

（1）理解垂直度公差项目的含义；
（2）掌握垂直度误差的测量原理。

### ❑ 技能目标

（1）能利用塞尺与宽座直角尺进行面对面垂直度误差检测；
（2）能进行简单数据处理并进行合格性判定。

### ❑ 素质目标

培养学生良好的职业素养和质量意识。

## 10.3 实施记录

**测量报告单——垂直度误差检测**

<table>
<tr><td>被测零件名称</td><td colspan="2"></td><td>垂直度公差</td><td></td></tr>
<tr><td>测量器具</td><td colspan="4"></td></tr>
<tr><td rowspan="3">测量数据</td><td></td><td></td><td></td><td></td></tr>
<tr><td></td><td></td><td></td><td></td></tr>
<tr><td></td><td></td><td></td><td></td></tr>
<tr><td>数据处理</td><td colspan="4">最大值：</td></tr>
<tr><td colspan="3">测量简图</td><td colspan="2">公差带图</td></tr>
<tr><td>垂直度误差</td><td colspan="4"></td></tr>
<tr><td>结　论</td><td colspan="2"></td><td>测量人员</td><td></td></tr>
<tr><td>理　由</td><td colspan="2"></td><td>测量日期</td><td></td></tr>
</table>

## 10.4　知识链接

### 10.4.1　测量方法

以测量平板工作面作为测量基准，测量时，配合使用塞尺与宽座直角尺完成测量。

### 10.4.2　计量器具

测量时所选的量具、辅具有：测量平板、宽座直角尺、塞尺。

### 10.4.3　测量步骤

（1）擦干净被测零件、塞尺、宽座直角尺，并放置在测量平板上。

（2）移动宽座直角尺，使直角尺的一边靠在被测平面上，用塞尺测量直角尺长边与被测平面之间的最大间隙$f$并记录，如图1-3-6所示。移动直角尺，在不同位置上以相同方法进行测量。

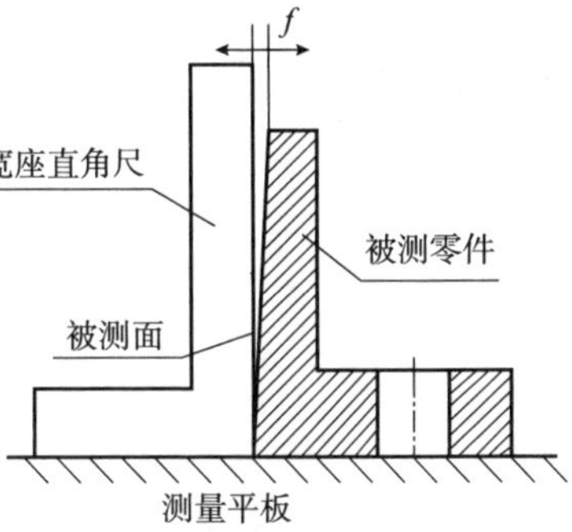


图 1-3-6　面对面垂直度误差测量示意图

（3）数据处理。

不同位置上测得值中的最大值$f_{max}$作为被测零件的垂直度误差值。

（4）合格性判定。

如果$f_{max} \leqslant T$，则该零件垂直度项目合格；反之，不合格。

# 任务十一　对称度误差检测

## 11.1　任务描述

完成键槽对称度误差检测。

## 11.2　实训目标

### 知识目标

（1）理解对称度公差项目的含义；
（2）掌握键槽对称度误差的测量原理。

### 技能目标

（1）能利用打表法进行键槽对称度误差检测；
（2）能进行简单数据处理并进行合格性判定。

### 素质目标

培养学生良好的职业素养和质量意识。

## 11.3 实施记录

**测量报告单——对称度误差检测**

<table>
<tr><td>被测零件名称</td><td colspan="2"></td><td>对称度公差</td><td></td></tr>
<tr><td>测量器具</td><td colspan="4"></td></tr>
<tr><td rowspan="4">测量数据</td><td>$a_1$</td><td>$a_2$</td><td>$h$</td><td>$R$</td></tr>
<tr><td></td><td></td><td></td><td></td></tr>
<tr><td colspan="2">$a_{max}$</td><td colspan="2">$a_{min}$</td></tr>
<tr><td colspan="2"></td><td colspan="2"></td></tr>
<tr><td>数据处理</td><td colspan="4">$f_{截}=\frac{|a_1-a_2|h}{2R-h}$<br>$f_{长}=a_{max}-a_{min}$</td></tr>
<tr><td>对称度误差</td><td colspan="4"></td></tr>
<tr><td>结　论</td><td colspan="2"></td><td>测量人员</td><td></td></tr>
<tr><td>理　由</td><td colspan="2"></td><td>测量日期</td><td></td></tr>
</table>

## 11.4 知识链接

### 11.4.1 测量方法

由图1-3-7可知，测量基准是键槽所在轴的中心轴线，基准轴线用V形架来体现，被测要素是键槽中心面，键槽中心面用定位块来体现，测量时，采用打表法，指示表选用杠杆百分表。

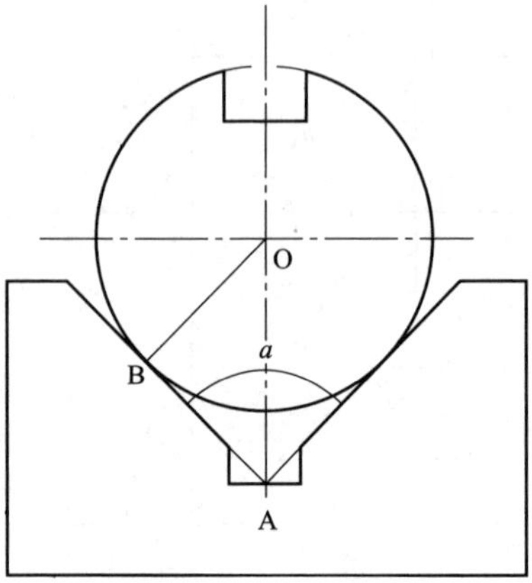


图 1-3-7 对称度测量

### 11.4.2 计量器具

测量时所选的量具、辅具有：测量平板、V形架、定位块、杠杆百分表、万能表架、外径千分尺、深度千分尺。

### 11.4.3 测量步骤

（1）测量前准备。

将V形架、被测零件擦干净，放置在测量平板一侧待用。检查杠杆百分表指针是否稳定，并将其装夹在万能表架上。

（2）测量。

用外径千分尺测出键槽所在轴的实际直径$d$，用深度千分尺测出键槽的深度$h$，将V形架放置在测量平板上，将键槽所在的圆柱面放置在V形架上进行定位（基准圆柱面），将定位块插入键槽内（无间隙配合）。

移动万能表架，调整回转轴使测块沿轴的径向与测量平板平行（A、B两点等高），记下指示表的读数$a_1$。将轴转过180°，采用上述同样的方法调整被测件，使测块沿轴的径向与平板平行，记下指示表的读数$a_2$（图1-3-8）。

取下定位块，移动万能表架，使杠杆百分表的测头与键槽侧面接触，并沿键槽长度方向移动，记录下最大读数$a_{max}$与最小读数$a_{min}$。

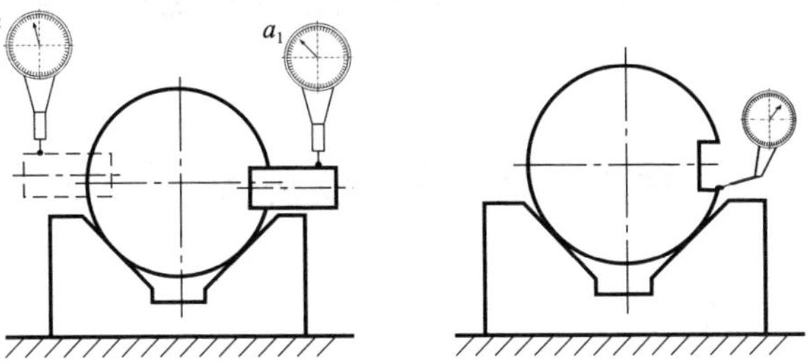


(a)截面对称度误差测量　(b)键长方向对称度误差测量

图 1-3-8　对称度误差测量示意图

（3）数据处理。

键槽在截面上的对称度误差按以下公式计算：

$$f_{截}=\frac{|a_1-a_2|h}{2R-h}$$

式中，$R$为轴的半径，$h$为键槽深。

键槽在长度方向的对称度误差为：

$$f_{长}=a_{max}-a_{min}$$

回转轴键槽对称度误差$f$取$f_{截}$和$f_{长}$中较大的。

（4）合格性判定。

如果$f\leqslant T$，则该零件对称度项目合格；反之，不合格。

# 模块四　表面粗糙度评价

## 任务十二　用表面粗糙度仪测量零件表面粗糙度

### 12.1　任务描述

用表面粗糙度仪测量零件表面粗糙度。

### 12.2　实训目标

**❑ 知识目标**

（1）理解表面粗糙度的含义及其评定参数；

（2）掌握表面粗糙度仪的主要功能、组成结构及参数校准的意义。

**❑ 技能目标**

（1）能独立进行表面粗糙度仪的安装及参数校准；

（2）能独立、规范应用表面粗糙度仪完成零件表面粗糙度检测。

**❑ 素质目标**

培养学生良好的职业素养和质量意识。

## 12.3　实施记录

**测量报告单——用表面粗糙度仪测量零件表面粗糙度**

<table>
<tr><td rowspan="2">量　仪</td><td colspan="2">名　称</td><td>测量范围</td><td colspan="2">分度值</td></tr>
<tr><td colspan="2"></td><td></td><td colspan="2"></td></tr>
<tr><td rowspan="3">被测零件</td><td colspan="3">名　称</td><td colspan="2">公差值</td></tr>
<tr><td colspan="3" rowspan="2"></td><td colspan="2">①</td></tr>
<tr><td colspan="2">②</td></tr>
<tr><td>测量方法</td><td colspan="5"></td></tr>
<tr><td rowspan="4">测量数据<br>（Ra/Rz）</td><td>①</td><td></td><td></td><td></td><td></td></tr>
<tr><td>②</td><td></td><td></td><td></td><td></td></tr>
<tr><td></td><td></td><td></td><td></td><td></td></tr>
<tr><td></td><td></td><td></td><td></td><td></td></tr>
<tr><td rowspan="4">数据处理</td><td colspan="5">①</td></tr>
<tr><td colspan="5">②</td></tr>
<tr><td colspan="5"></td></tr>
<tr><td colspan="5"></td></tr>
<tr><td>结　论</td><td colspan="3">①</td><td colspan="2">②</td></tr>
<tr><td>理　由</td><td colspan="3">①</td><td colspan="2">②</td></tr>
<tr><td>测量人员</td><td colspan="5"></td></tr>
<tr><td>测量日期</td><td colspan="5"></td></tr>
</table>

## 12.4 知识链接

### 12.4.1 仪器简介

1.功能介绍

表面粗糙度仪各功能键名称如图1-4-1所示，表面粗糙度仪的各功能键介绍如表1-4-1所示。

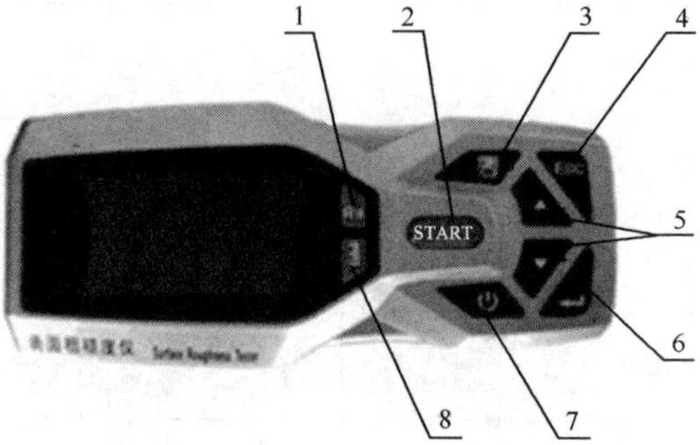


图 1-4-1 表面粗糙度仪

1—参数选择键；2—启动测量键；3—记录保存键 / 打印键；4—取消 / 退出键；5—上 / 下箭头键；6—菜单 / 确认键；7—电源开关键；8—触针位置键

表1-4-1 表面粗糙度仪按键名称及功能介绍

| 序号 | 按键名称 | 主要功能 |
|---|---|---|
| 1 | 参数选择键 | 用于查看各种参数和图形结果 |
| 2 | 启动测量键 | 用于启动仪器进入测量状态 |
| 3 | 记录保存键/打印键 | 用于存储测量结果或打印数据 |
| 4 | 取消/退出键 | 用于退出菜单和取消设置 |
| 5 | 上/下箭头键 | 用于切换选择项目，调整设定数值 |
| 6 | 菜单/确认键 | 用于进入菜单设置和确认参数 |
| 7 | 电源开关键 | 长按2s开、关机 |
| 8 | 触针位置键 | 用于切换触针位置显示和主参数 |

2.仪器安装

安装时，用手拿住探头主体部分，将探头插入仪器底部的传感器连接套中，然后轻推到底。安装好后如图1-4-2所示，红点位于仪器正面。拆卸时，用手拿住传感器的探头主体部分或保护套管的根部，慢慢地向外拉出。

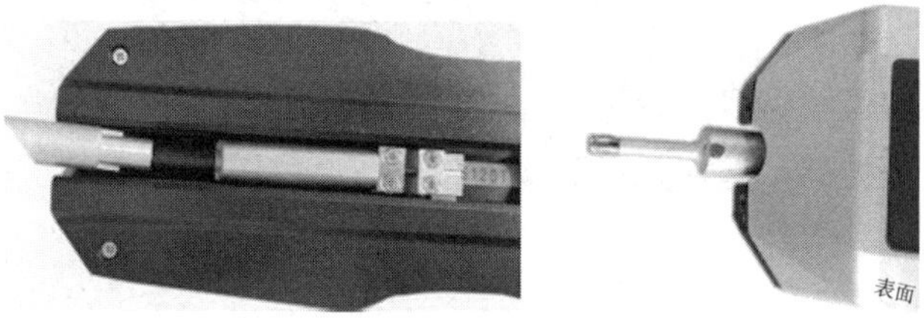


图 1-4-2　表面粗糙度仪探头安装示意图

注意：传感器的触针是本仪器的关键零件，应给予高度重视。在进行传感器装卸的过程中，应特别注意不要碰及触针，以免造成损坏，影响测量。

3.参数校准

本仪器随机配置一个标准样板，用于参数校准。测量前，先用仪器测试标准样板。当测量值与样板值之差在合格范围内，测量值有效，即可直接测量。如果测量值与样板值之差大于仪器规定的误差范围，或者用户要求精度较高，可以使用示值校准功能来修正和提高测量精度。

设定好校准值后，必须按“启动测量键”进行一次完整测量后，仪器校准才有效。校准后的新参数必须在进行一次完整测量后按下“回车键”时存储到仪器。按“取消键”退回菜单不保存校准结果。

通常情况下，仪器在出厂前都经过严格的测试，示值误差远小于 ± 10%，在这种情况下，最好不要频繁使用示值校准功能。

### 12.4.2　测量步骤

（1）按下开关键约2s后仪器将自动开机，开机后将显示仪器型号、名称及制造商信息，然后进入基本测量状态的主显示界面。

（2）用标准样板对仪器进行校准。如打开校准页面后所示参数与标准样板数据不一致，则应将参数调整为标准样板所标数据，用“上/下箭头键”调整数据，一致后按“启动测量键”执行一次完整测量。

（3）测量。

①调整触针位置。使用触针位置来确定传感器的位置，尽量使触针在中间位置进行测量。通过仪器上下摆动进行调整，使箭头尽量对准“零”位。在主界面状态下，按“触针位置键”用于切换触针位置显示界面和主显示界面（图1-4-3）。

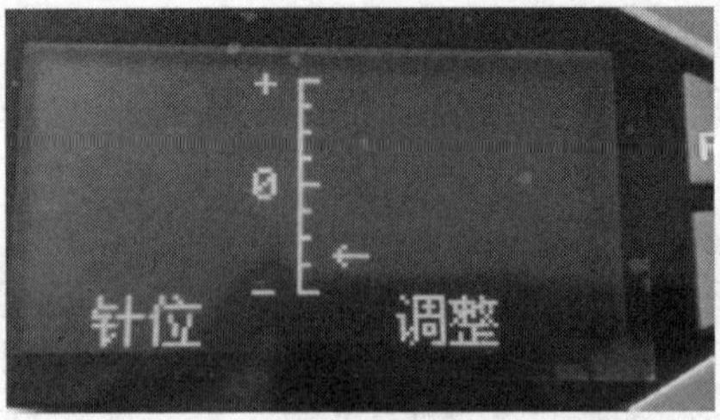


图 1-4-3　触针位置显示界面

②启动测量。在主界面状态下，按“启动测量键（START）”开始测量。

③存储测量结果。在主显示界面状态下，按“存储键”保存测量结果。仪器内置超大容量存储器，可存储100组原始数据及波形数据。数据的存储记录的文件名按日期时间自动生成，最后保存的数据记录是时间最近的一次记录，因此，最后保存的数据记录的记录号是001。

# 任务十三　比较法检测零件表面粗糙度

## 13.1　任务描述

如图1-4-4所示，利用比对样块完成零件表面粗糙度检测。

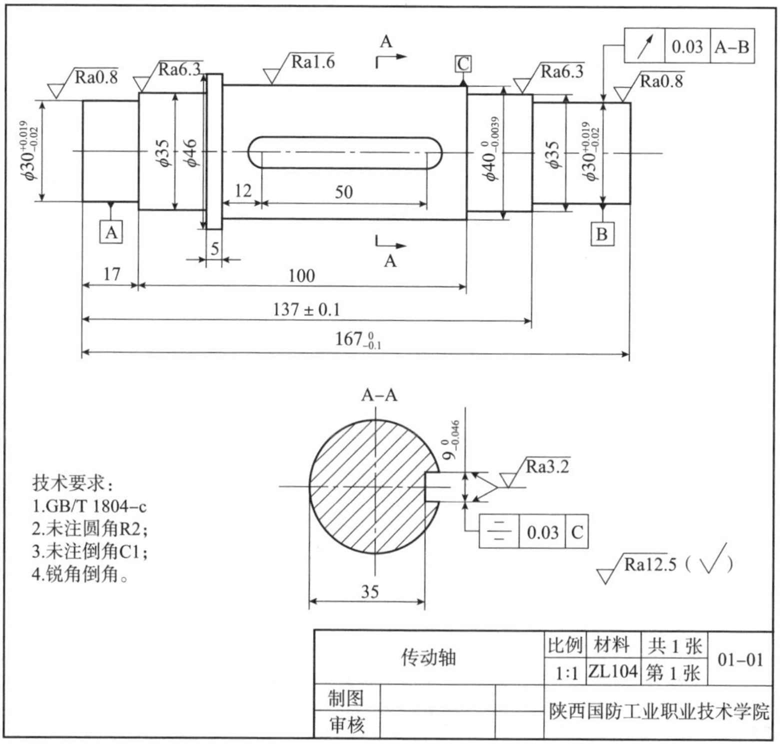


图 1-4-4　零件图

## 13.2　实训目标

### ❑ 知识目标

（1）理解表面粗糙度的含义及其评定参数；

（2）掌握粗糙度比对样块的使用方法及注意事项。

### ❑ 技能目标

能独立、规范应用比较法完成零件表面粗糙度检测。

### ❑ 素质目标

培养学生良好的职业素养和质量意识。

## 13.3 实施记录

**测量报告单——比较法检测零件表面粗糙度**

| 被测项目 | 视觉比较 | 触觉比较 | 表面粗糙度 | 结论 |
|---|---|---|---|---|
| $\phi30\left(^{+0.019}_{-0.020}\right)$ $Ra0.8$ | | | | |
| $\phi30\left(^{+0.019}_{-0.020}\right)$ $Ra0.8$ | | | | |
| $\phi35$ $Ra6.3$ | | | | |
| $\phi35$ $Ra6.3$ | | | | |
| $9\left(^{0}_{-0.046}\right)$ $Ra3.2$ | | | | |
| 其余 $Ra12.5$ | | | | |
| 其余 $Ra12.5$ | | | | |
| 检测人员 | | | | |
| 检测日期 | | | | |

## 13.4　知识链接

### 13.4.1　量具介绍

表面粗糙度比对样块是以其工作面的粗糙度为标准，通过视觉和触觉（如用手）与被测零件表面进行比较的方法来测量零件表面粗糙度的一种量具。

表面粗糙度比对样块的材料一般为镍合金，采用的是精密电铸复制工艺，具有硬度高、耐磨性好、测量方便、成本低等特点，特别适用于一线生产现场。表面粗糙度比对样块也可以根据需要而选用不同的材料制成，制成后应注明所用材料，并且制成的样块不能带有磁性。

用粗糙度比对样块对零件进行测量时，为了保证测量结果的可靠性，应注意以下几点：

（1）要尽可能地选用与零件的材料接近或一致的比对样块，例如，选用钢制的比对样块对铝制零件的表面粗糙度进行比对，将会导致比较大的测量误差；

（2）要选用与零件的加工方法一致的比对样块，因为不同的加工方法所获得的加工痕迹是不同的，如果选用加工方法不一致的比对样块进行测量，将会导致比较大的测量误差，例如，铣加工的表面粗糙度绝对不能选用车加工的表面粗糙度比对样块进行测量；

（3）进行比对时，零件与比对样块应在同一照明条件下进行；

（4）判断表面粗糙度大小时，只根据表面加工痕迹的深浅来决定，不考虑加工痕迹的宽窄程度；

（5）判断零件表面粗糙度合格性时，当被测零件的加工痕迹深浅小于或等于粗糙度比对样块工作面上的痕迹深度时，则可判定被测零件的表面粗糙度合格。

### 13.4.2　测量步骤

（1）将被测零件表面擦干净。

（2）将被测零件与所选用的粗糙度比对样块放置在同一温度下1h以上。

（3）将被测零件与所选用的粗糙度比对样块放置在同等光照条件下进行比对。

（4）视觉比较。

用眼睛进行观察，反复对被测表面与比对样块进行对比，观察它们之间的加工痕迹、反光强弱、色彩差异等情况，然后判定被测表面粗糙度的大小。如果表面粗糙度值在$Ra$1.6以下时，可借助放大镜进行观察。

（5）触觉比较。

用手指触摸被测表面与比对样块，或用指甲轻轻划过被测表面与比对样块的加工痕迹，然后根据手指或指甲的感觉来判断加工痕迹的深浅，从而获得被测表面粗糙度的大小。

（6）综合视觉比较与触觉比较的结果后，最后给出被测表面粗糙度的数值。

（7）判断其合格性。

# 模块五　螺纹中径评价

## 任务十四　用螺纹千分尺测量螺纹中径

### 14.1　任务描述

用螺纹千分尺测量螺纹中径。

### 14.2　实训目标

**❑ 知识目标**

掌握螺纹千分尺的结构、测量原理。

**❑ 技能目标**

（1）能根据被测螺纹选择合适的测头；
（2）能正确完成螺纹千分尺的零位校准；
（3）能独立应用螺纹千分尺测量螺纹中径。

**❑ 素质目标**

规范学生螺纹千分尺操作流程，培养学生良好的职业素养。

## 14.3 实施记录

**测量报告单——用螺纹千分尺测量螺纹中径**

<table>
<tr><td rowspan="2">量 具</td><td>名 称</td><td colspan="2">测量范围</td><td>分度值</td></tr>
<tr><td></td><td colspan="2"></td><td></td></tr>
<tr><td rowspan="2">被测零件</td><td>名 称</td><td colspan="2">标注尺寸</td><td>验收极限尺寸</td></tr>
<tr><td></td><td colspan="2"></td><td>上：<br>下：</td></tr>
<tr><td>测量方法</td><td colspan="4"></td></tr>
<tr><td rowspan="3">测量数据</td><td></td><td></td><td></td><td></td></tr>
<tr><td></td><td></td><td></td><td></td></tr>
<tr><td></td><td></td><td></td><td></td></tr>
<tr><td rowspan="3">数据处理</td><td colspan="4"></td></tr>
<tr><td colspan="4"></td></tr>
<tr><td colspan="4"></td></tr>
<tr><td>结 论</td><td></td><td>测量人员</td><td colspan="2"></td></tr>
<tr><td>理 由</td><td></td><td>测量日期</td><td colspan="2"></td></tr>
</table>

## 14.4　知识链接

### 14.4.1　量具介绍

螺纹千分尺的分度值为0.01mm。对于精度要求不高的螺纹，可以采用螺纹千分尺测量中径，测量方法是直接测量。测量前，要对螺纹千分尺进行零位校准。

图1-5-1为螺纹千分尺的外形结构，与外径千分尺基本相同。螺纹千分尺要选用专用的测头，每对测头由一个V形测头和一个相应牙型的圆锥形测头组成，只能测量一定螺距范围的螺纹中径。使用时根据被测螺纹的螺距大小选择合适测头。

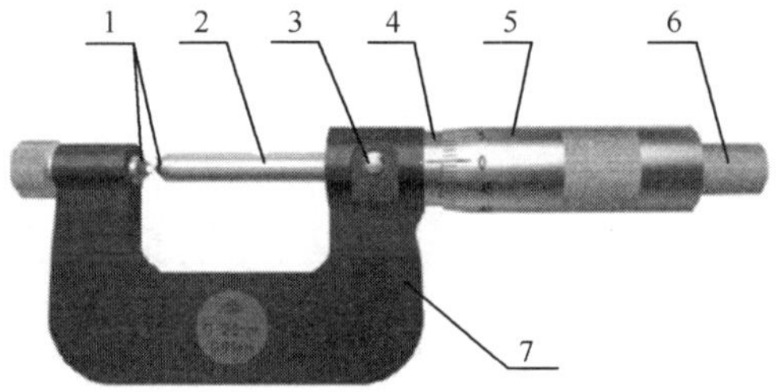


图1-5-1　螺纹千分尺结构

1—专用测量头；2—测微螺杆；3—锁紧装置；4—固定套筒；
5—微分筒；6—测力装置；7—尺架

### 14.4.2　测量步骤

（1）测量前准备。

①先将螺纹千分尺与被测螺纹擦干净，检查螺纹千分尺各部件是否灵活，螺钉是否有脱落现象。

②根据被测螺纹M20×2，选择测量范围为0~25mm的螺纹千分尺，选择螺距为1.5~2mm的一对测头，并进行安装。

（2）零位校准。

旋转微分筒，当V形测头与圆锥形测头快接触时，停止旋转微分筒，改为旋转后面的测力装置，当听到“咔咔咔”响声时，说明一对测量头接触，这时再旋转测力装置3~5圈，相当于给一个合适的测量力。

此时，观察微分筒上的零刻线是否与主尺上的水平线重合，并且主尺上0刻线与微分筒边缘相切。如果零位不准，则需要进行校准，校准时将小扳手放入微分筒后边的小孔内轻轻转动，直至零位调整正确。

（3）测量。

将被测螺纹放在一对测头之间，找正中径部位，如图1-5-2所示。旋转微分筒，当听到“咔咔咔”响声时，再旋转测力装置3~5圈并进行读数。以相同的方法分别在同一截面相互垂直的两个方向上进行测量。

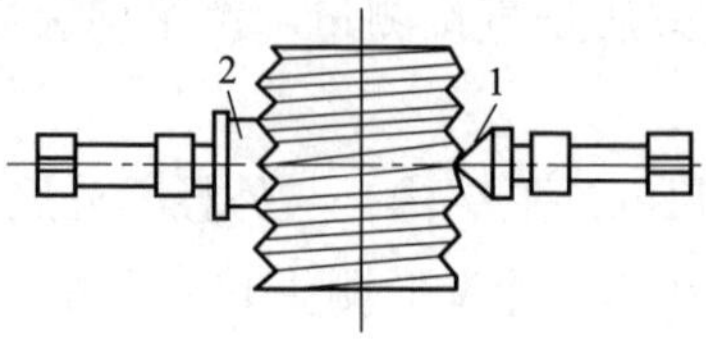


图 1-5-2　用螺纹千分尺测量外螺纹中径示意图

1—测头 1；2—测头 2

# 任务十五　三针法测量螺纹中径

## 15.1　任务描述

三针法测量螺纹中径。

## 15.2　实训目标

### 知识目标

掌握三针法测量螺纹中径的原理、步骤。

### 技能目标

（1）能正确选择最佳量针；

（2）能熟练、独立、规范完成测量过程并进行数据处理。

### 素质目标

培养学生良好的职业素养。

## 15.3 实施记录

**测量报告单——三针法测量螺纹量规中径**

<table>
<tr><td>螺纹量规标注</td><td colspan="2">M20 × 2−6g</td><td>螺距</td><td colspan="2">2</td></tr>
<tr><td colspan="6">螺纹量规标准</td></tr>
<tr><td>公称中径/mm</td><td colspan="3">中径制造极限偏差</td><td colspan="2">中径磨损极限</td></tr>
<tr><td>$d_2=d-0.6495P$</td><td colspan="2">上：+15μm</td><td>下：+5μm</td><td colspan="2">−20μm</td></tr>
<tr><td colspan="6">量针 * 外径千分尺 * 量针挂架</td></tr>
<tr><td>量针直径</td><td>$d_0=0.577P$</td><td>分度值</td><td></td><td>测量范围</td><td></td></tr>
<tr><td colspan="6">测量简图</td></tr>
</table>

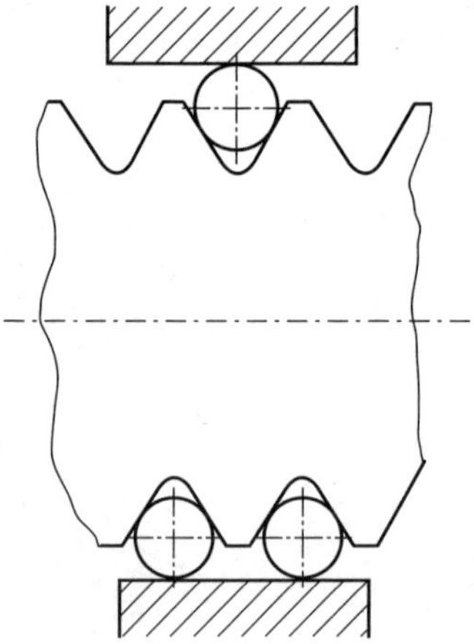

螺纹实际中径$d_2$计算公式：$d_2=M-d_0\left(1+\frac{1}{\sin\alpha/2}\right)+\frac{P}{2}\cot\frac{\alpha}{2}$

| | | | |
|---|---|---|---|
| 结论 | | 测量人员 | |
| 理由 | | 测量日期 | |

## 15.4　知识链接

### 15.4.1　检测方案介绍

三针法测量外螺纹中径是一种间接测量螺纹中径的方法。量针的精度分成0级和1级两种：0级用于测量中径公差为4~8μm的螺纹塞规或螺纹；1级用于测量中径公差大于8μm的螺纹塞规或螺纹。

测量时，将三根直径相同、精度较高的量针放在被测螺纹的牙槽中，用外径千分尺测量出跨针距$M$，根据被测螺纹的螺距$P$、牙形半角$a/2$和量针直径$d_0$，计算得螺纹实际中径$d_2$，具体计算公式如下：

$$d_2 = M - d_0\left(1+\frac{1}{\sin\alpha/2}\right)+\frac{P}{2}\cot\frac{\alpha}{2}$$

为了减少螺纹牙形半角偏差对测量结果的影响，应选择最佳直径的量针，该量针与螺纹牙形的切点正好位于螺纹中径处，此时所选用的量针直径$d_0$为最佳量针直径（图1–5–3）。

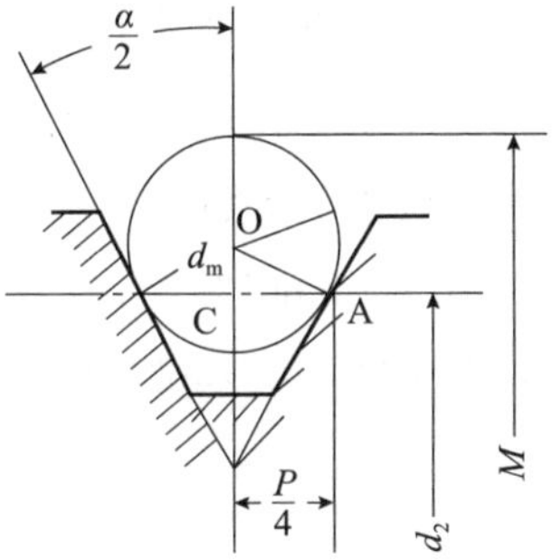


图 1–5–3　最佳量针直径计算示意图

由图1–5–3可知：

$$d_0 = \frac{P}{2\cos\dfrac{\alpha}{2}}$$

对于公制螺纹，$\alpha$=60°，则$d$=0.577$P$。

实际测量中，如果成套量针中没有最佳直径量针时，可以选择与最佳量针直径（表1–5–1）相近的来代替。

表 1-5-1　量针最佳直径选用表

| 螺距 P/mm | 量针最佳直径 $d_0$/mm | 螺距 P/mm | 量针最佳直径 $d_0$/mm | 螺距 P/mm | 量针最佳直径 $d_0$/mm | 螺距 P/mm | 量针最佳直径 $d_0$/mm |
|---|---|---|---|---|---|---|---|
| 0.20 | 0.118 | 0.50 | 0.291 | 1.25 | 0.742 | 3.50 | 2.020 |
| 0.25 | 0.142 | 0.60 | 0.343 | 1.50 | 0.866 | 4.00 | 2.311 |
| 0.30 | 0.170 | 0.70 | 0.402 | 1.75 | 1.008 | 4.50 | 2.595 |
| 0.35 | 0.201 | 0.75 | 0.433 | 2.00 | 1.157 | 5.00 | 2.866 |
| 0.40 | 0.232 | 0.80 | 0.461 | 2.50 | 1.441 | 5.50 | 3.177 |
| 0.45 | 0.260 | 1.00 | 0.572 | 3.00 | 1.732 | 6.00 | 3.468 |

### 15.4.2　测量步骤

（1）测量前准备。

①根据被测螺纹M20×2，选择测量范围为0~25mm的外径千分尺。将其擦干净，并检查各部件是否灵活，螺钉是否有脱落现象。

②对外径千分尺进行零位调整。旋转微分筒，当测砧与测头快接触的时候，停止旋转微分筒，改为旋转后面的测力装置，当听到“咔咔咔”的响声时，说明测砧及测头接触，这时旋转测力装置3~5圈。此时，观察微分筒上的零刻线是否与主尺上的水平线重合，且主尺上0mm刻线与微分筒边缘相切。如果零位不准确，则需要进行校准。校准时将小扳手放入微分筒后边的小孔内轻轻转动，直至零位调整正确。

（2）测量。

①根据被测螺纹的螺距，计算并选择最佳量针直径$d_0$。

②搭建测量平台。

③将三针放入螺纹牙槽中，如图1-5-4所示。先将两根针放置在螺纹同侧相邻的两个牙槽中，然后把另一测针沿着螺纹的旋向放置到对面，该测针应处在另外两根针的正中间位置。

④旋转微分筒，使千分尺两个测量面与三针接触（一定要与三针的工作面进行接触），读数并记录。

⑤以同样的方法，在同一截面相互垂直的两个方向上测量$M$值。

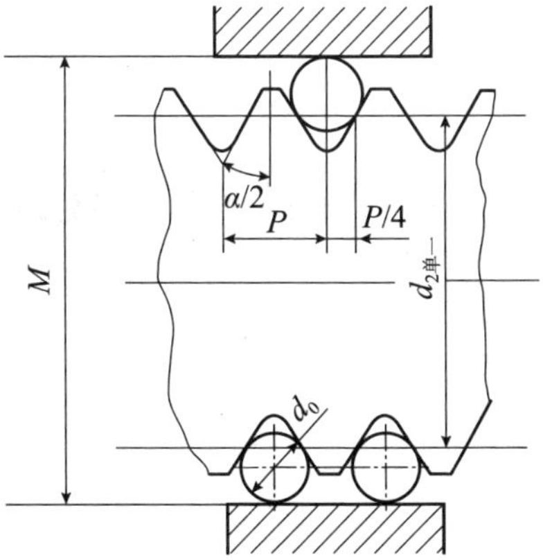


图 1-5-4　三针法测量螺纹中径示意图

(3)数据处理。

利用计算公式算出螺纹中径值：

$$d_2 = M - d_0\left(1 + \frac{1}{\sin\alpha/2}\right) + \frac{P}{2}\cot\frac{\alpha}{2}$$

(4)记录结果。

根据上述计算结果，记录被测螺纹实际中径数值。

# 模块六　常用计量器具使用规范与维护保养

## 16.1　常用计量器具

| 名称 | 结构 | 主要功能 |
|---|---|---|
| 游标卡尺 | 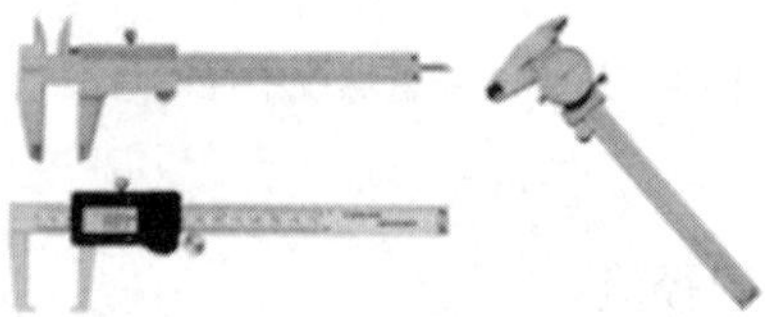<br>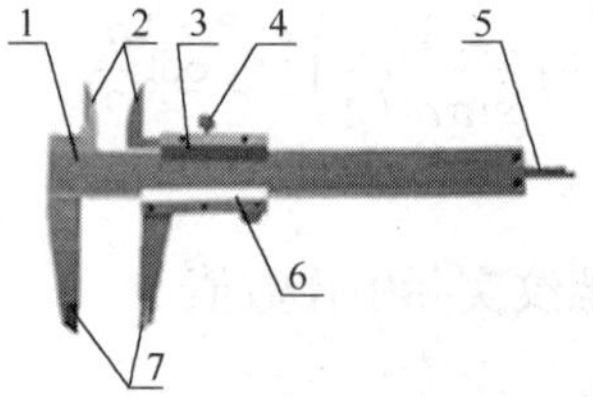<br><br>1—尺身；2—上量爪；3—尺框；4—紧固螺钉；<br>5—深度尺；6—游标；7—下量爪 | 用于测量工件的内尺寸、外尺寸和深度 |
| 高度<br>游标卡尺 | 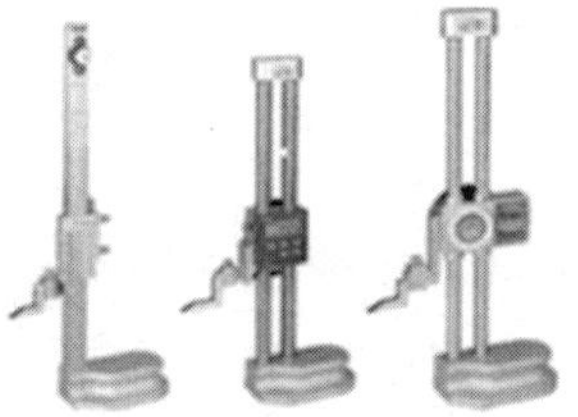<br>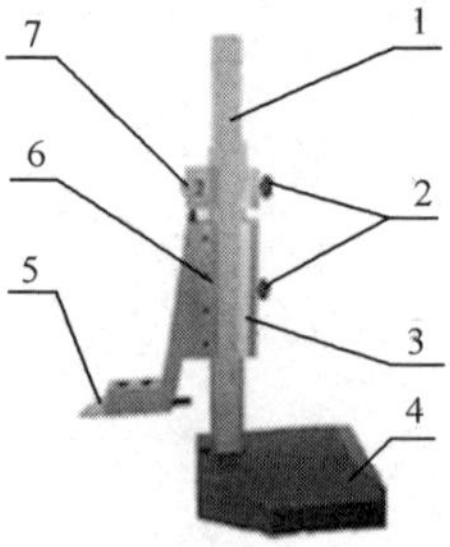<br><br>1—主尺；2—紧固螺钉；3—尺框；4—基座；5—量爪；<br>6—游标；7—微动装置 | 用于测量工件的高度尺寸、相对位置和精密划线 |

续表

| 名称 | 结构 | 主要功能 |
|---|---|---|
| 外径千分尺 | 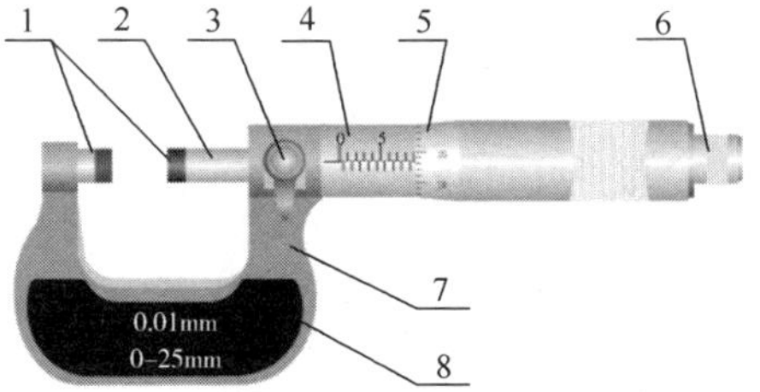<br>1—测砧；2—测微螺杆；3—锁紧螺钉；4—固定套筒；<br>5—微分筒；6—测力装置；7—尺架；8—隔热板 | 用于测量工件的外尺寸 |
| 深度<br>游标卡尺 | 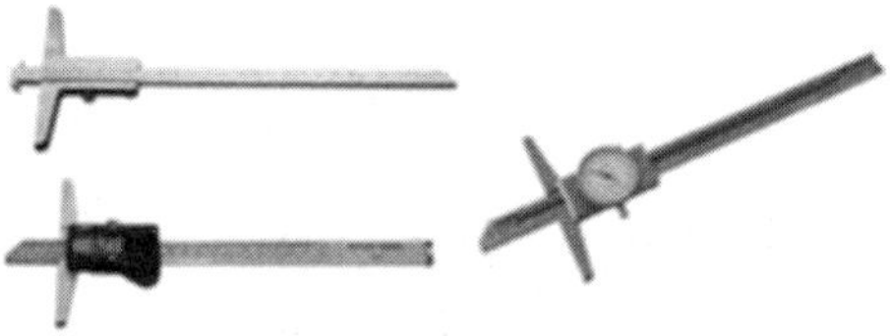<br>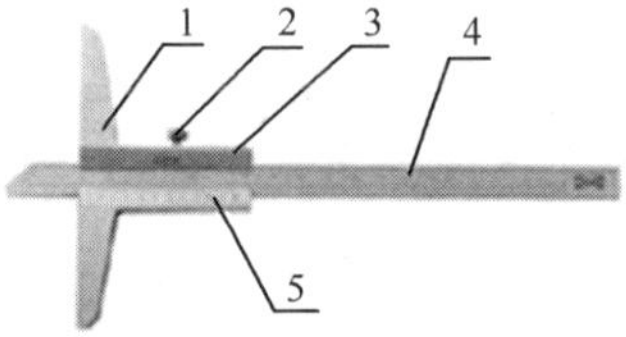<br>1—测量基座；2—紧固螺钉；3—尺框；4—尺身；5—游标 | 用于测量工件的深度尺寸 |
| 齿厚<br>游标卡尺 | 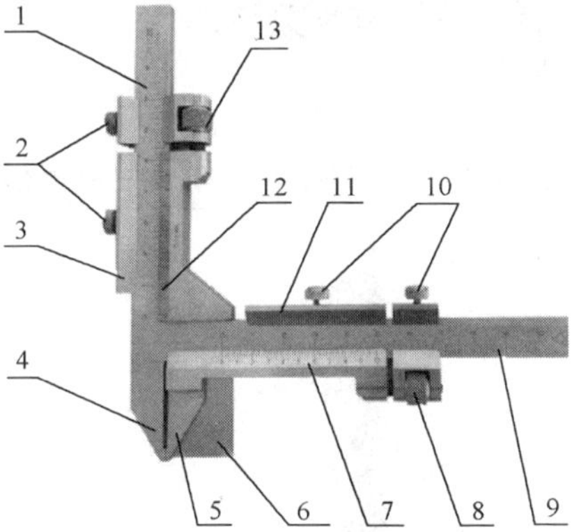<br>1—齿高尺尺身；2、10—制动螺钉；3、11—尺框；4—齿厚固定量爪；<br>5—齿厚活动量爪；6—齿高量爪；7、12—游标；<br>8、13—微动装置；9—齿厚尺尺身 | 用于测量圆柱齿轮的弦齿厚 |

续表

| 名称 | 结构 | 主要功能 |
|---|---|---|
| 万能角度尺 | 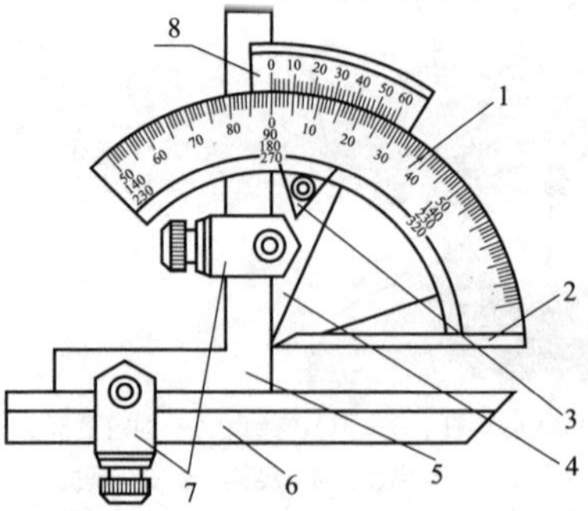1—主尺；2—基尺；3—制动器；4—扇形板；5—直角尺；6—直尺；7—卡块；8—游标 | 用于测量工件的角度 |
| 内径千分尺 | 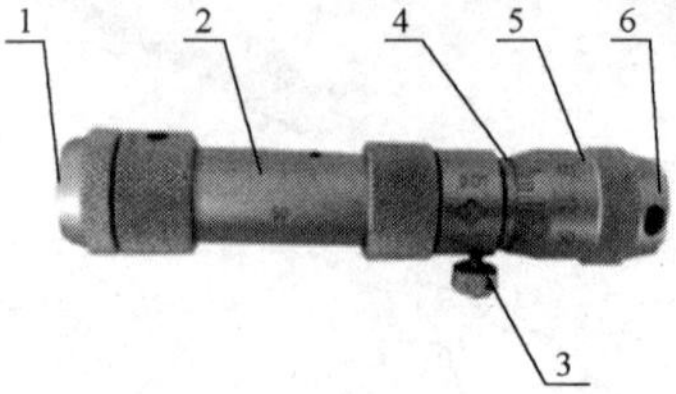1—测量头；2—接长杆；3—锁紧装置；4—固定套管；5—微分；6—测微头 | 用于测量工件的内尺寸 |
| 内测千分尺 | 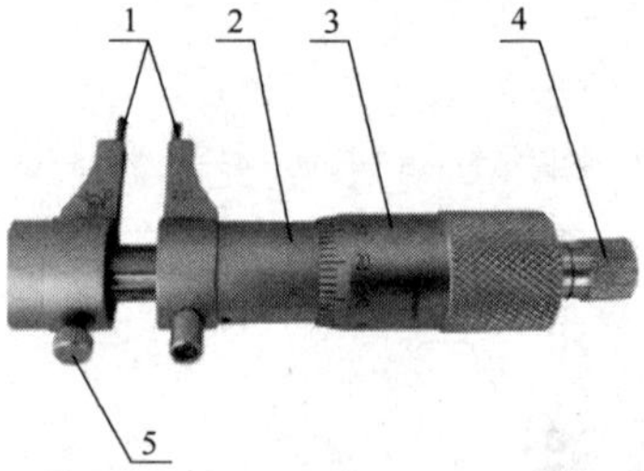1—测量爪；2—固定套管；3—微分管；4—测力装置；5—锁紧装置 | 用于测量工件的内尺寸 |
| 深度千分尺 | 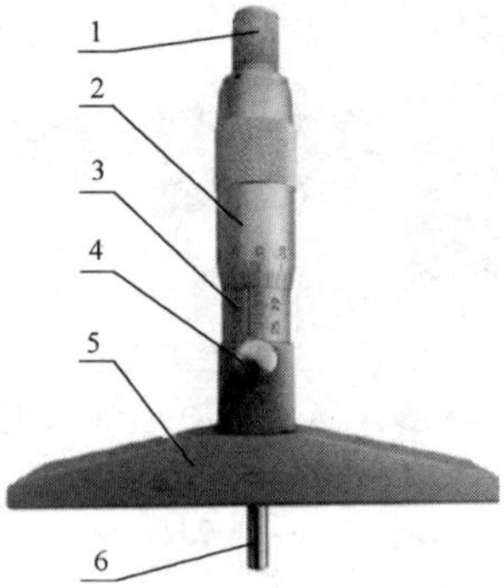1—测力装置；2—微分筒；3—固定套管；4—锁紧装置；5—基座；6—测量头 | 用于测量工件的深度尺寸 |

续表

| 名称 | 结构 | 主要功能 |
|---|---|---|
| 杠杆千分尺 | 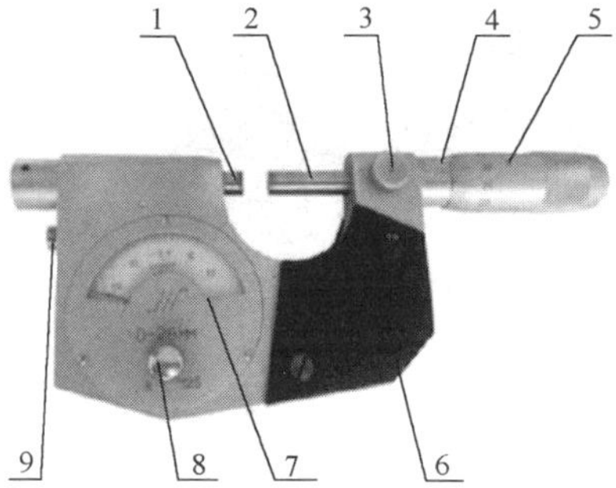<br>1—微动测杆；2—活动测杆；3—锁紧装置；4—固定套管；<br>5—微分筒；6—盖板；7—表盘；8—微调手轮；9—按压手轮 | 用于测量工件的外尺寸（比较测量法） |
| 公法线<br>千分尺 | 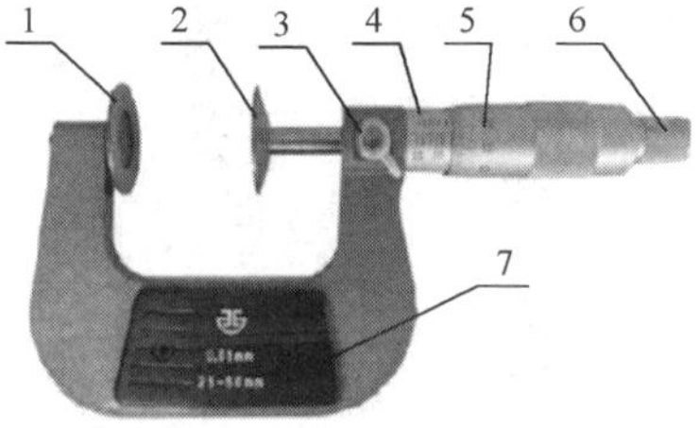<br>1—固定测砧；2—活动测砧；3—锁紧装置；4—固定套筒；<br>5—微分筒；6—测力装置；7—隔热手柄 | 用于测量圆柱齿轮的公法线长度，也可测量工件特殊部位的尺寸，如键、筋、厚度、成型刀具的刀刃等 |
| 螺纹千分尺 | 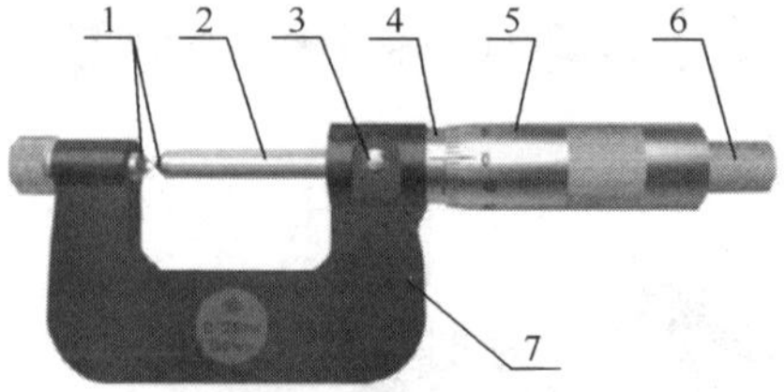<br>1—测量头；2—测微螺杆；3—锁紧装置；4—固定套筒；5—微分筒；<br>6—测力装置；7—尺架 | 用于测量螺纹的中径尺寸，也可测量齿轮的基圆直径、花键的底圆直径 |
| 百分表 |  | 主要用于直接或比较测量工件的长度尺寸、几何形状及位置误差等 |

续表

| 名称 | 结构 | 主要功能 |
| --- | --- | --- |
| 千分表 |  | 主要用于直接或比较测量工件的长度尺寸、几何形状及位置误差等 |
| 杠杆百分表 | 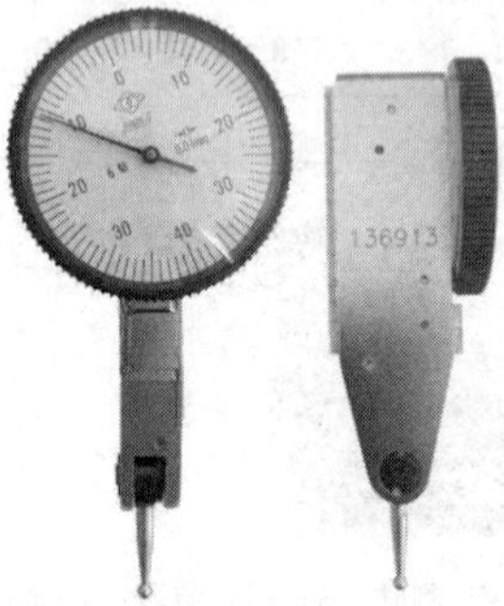 | 主要用于直接或比较测量工件的长度尺寸、几何形状及位置误差等 |
| 内径百分表 |  | 用于测量孔径或槽宽（比较测量法） |
| 螺距规 | 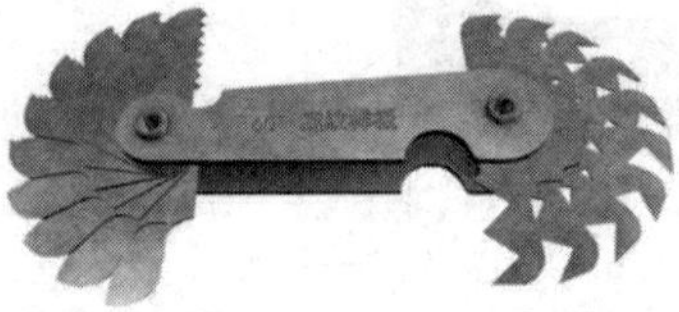 | 用于测量螺纹工件的螺距和牙型角 |
| 螺纹环规 |  | 用于检验外螺纹 |
| 螺纹塞规 |  | 用于检验内螺纹 |

续表

| 名称 | 结构 | 主要功能 |
| --- | --- | --- |
| 卡规<br>卡环 | 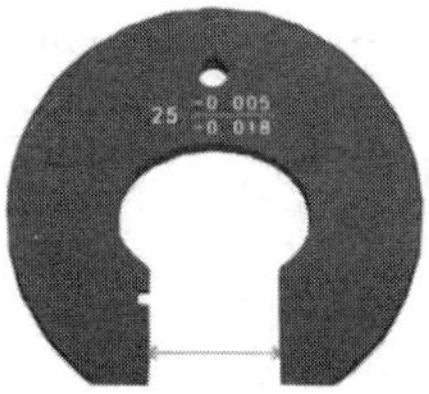 卡规<br> 卡环 | 用于检验有配合要求的轴径 |
| 塞规 |  | 用于检验有配合要求的孔径 |
| 直角尺 |  | 主要用于检验直角、垂直度误差，也可用于划线 |
| R 规 |  | 用于检验工件、工具、模具等圆弧部分的曲率半径 |
| 刀口尺<br>三棱尺<br>四棱尺 |  刀口尺<br> 三棱尺<br> 四棱尺 | 主要用于测量工件的直线度和平面度误差 |

续表

| 名称 | 结构 | 主要功能 |
|---|---|---|
| 粗糙度比对样块 | 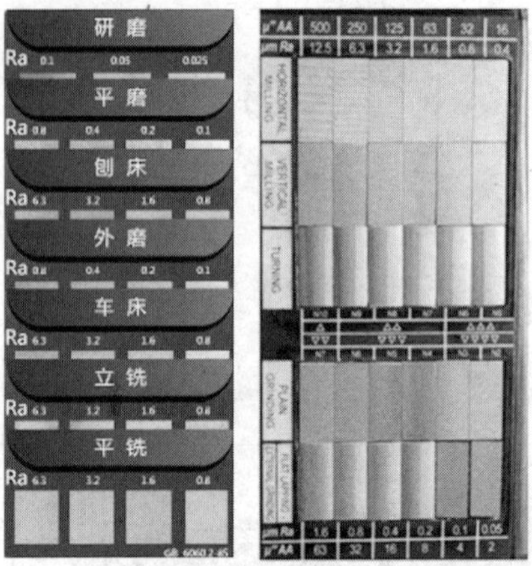 | 用于测量工件的表面粗糙度（比较法） |

## 16.2　使用规范与维护保养

（1）使用计量器具时，要文明规范操作、合理使用，使用完后，要将量具放在专用盒内，不能乱放。

（2）量具在使用完毕后，要立即用航空汽油或酒精棉对测量面进行清理，并涂防锈油。

（3）量具应存放于干燥、无腐蚀性气体、通风良好、无灰尘的地方，温度在18~25℃之间，湿度不大于50%。

（4）不要用手抓或触摸量具的测量面，更不能随意拆卸、调整和修理量具。

（5）游标卡尺及0~25mm的外径千分尺，在放入量具盒时，应在两个测量面之间留出缝隙，以免测量面生锈。

（6）使用电子数显类量具时，应避免水等液体物质渗入尺框内，以免损坏电子元件。

（7）使用指示表类量具时，不能随便过多来回拨动测杆，不能敲打、碰撞，并防止水和油渗入表内。测量时，要先给测杆压缩量0.5~1mm。

（8）专用检具不得在水、油中浸泡，不能用手触摸测量面，以免生锈，用完后擦干净，置于干燥处，长期不用存放时要涂上防锈油。

（9）发现量具有故障或示值不准确时，应及时报告，由计量或专业人员处理。

## 16.3 注意事项

（1）量具不允许与榔头、锉刀、钻头、车刀及工件等堆放在一起，防止量具被碰伤。

（2）量具不能作为其他工具的代用品（如当作榔头敲击工件）。

（3）测量前应把量具测量面的油污擦干净，并检查量具各个部件运动是否灵活，螺钉是否有脱落现象，“零”位是否准确等。

（4）螺旋类量具在使用前应先进行校准。

（5）采用比较法测量时，应先对量具进行调零。

（6）不能用精密量具测量锻或铸件毛坯、带有毛刺和研磨剂（如金刚砂等）的表面，否则会磨损或拉伤量具测量面。

（7）精密测量一定要在工件与量具温度一致的情况下进行，温度一般在20℃左右即可。

（8）测量时，要轻拿轻放，测量力应均匀、不能太大，以免引入较大测量误差。

（9）在加工过程中测量工件时，坚决不能在工件还运行或转动的时候进行测量，否则，不仅会给测量人员带来危险，而且会导致量具磨损或损坏。

# 第二部分　精密测量专项技能训练

## 模块一　影像测量仪

影像测量仪是一种由高解析度CCD彩色摄像机、连续变倍物镜、彩色显示器、精密光学尺、多功能数据处理器、数据测量软件与高精密工作台结构组成的高精度光学影像测量仪。

影像仪的机械主体在很大程度上与传统坐标测量机类似，主要区别是数据采集端以影像测头代替传统的接触式测头。

### 任务一　影像测量仪结构认识

#### 1.1　任务描述

（1）认识影像测量仪的组成部分，了解主要部分的功能；

（2）掌握影像测量仪日常维护与保养；

（3）了解影像测量仪的工作环境，以及开机前准备工作，掌握开、关机规范操作流程。

#### 1.2　课前准备

（1）查阅相关资料，了解影像测量仪的发展；

（2）了解影像测量仪的结构组成及各功能单元的特点；

（3）查阅资料了解影像测量仪维护保养方法；

（4）检查仪器工作台是否符合测量条件，对被测工件进行表面清洁。

#### 1.3　实训要求

（1）严格遵守实训室相关制度，听从老师安排，积极主动完成规定任务，保证任务高效学习；

（2）认真学习、收集任务相关资料，完成课前准备工作；

（3）分小组完成任务，撰写实训报告，进行简单梳理，准备分组汇报。

## 1.4　实训目标

### 知识目标

（1）掌握影像测量仪组成单元及功能特点；

（2）掌握影像测量仪的工作环境参数和维护保养方法。

### 技能目标

（1）能正确配置影像测量仪的工作环境参数；

（2）能正确对影像测量仪进行维护保养，并保证其正常工作；

（3）能独立、规范对影像测量仪进行开、关机操作。

### 素质目标

规范学生影像测量仪操作流程，培养学生良好的职业素养。

## 1.5　实施记录

（1）根据老师引导，简要写出实训室现有影像测量仪的组成结构，并说明其功能。

（2）简述影像测量仪的工作环境要求，以及日常维护与保养注意事项。

（3）简述影像测量仪的开、关机规范操作。

开机顺序______________________________________________

______________________________________________________

______________________________________________________

关机顺序______________________________________________

______________________________________________________

______________________________________________________

## 1.6 知识链接

### 1.6.1 影像测量仪的组成结构及功能介绍

1. 主体机械结构

影像测量仪的主体机械结构主要包括工作平台、立柱或桥框、壳体、底座等部分。为了保持工作平台、支撑结构和底座的稳定性，一般要求其构件材料具有刚性好、强度高等特性，如铸铁、钢和花岗石等。目前影像仪的结构形式主要有立柱式、固定桥式和移动桥式三种（图2–1–1）。

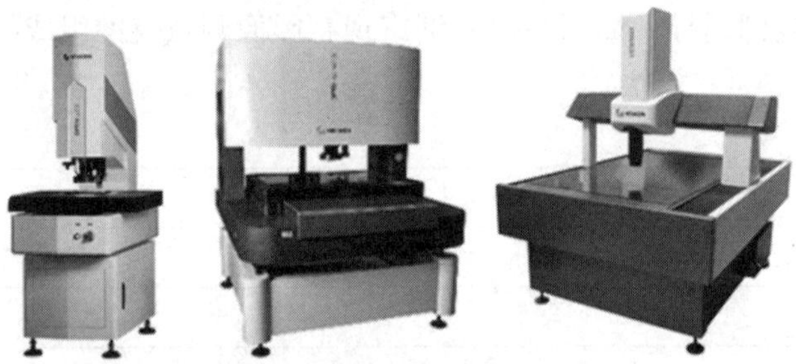

(a)立柱式　　(b)固定桥式　　(c)移动桥式

图 2–1–1　不同结构形式的影像仪

导轨是影像测量仪运动的重要部件。导轨不仅要能可靠地承受外加载荷，还要能保证运动部件的定位及运动精度，以及与有关部件的相对位置和精度。因此，导轨部件对保证影像测量仪的测量精度非常重要。与机床及其他仪器设计类似，影像仪也有各种各样的导轨类型（图2–1–2），但一般常用的是滚动导轨及气浮导轨，滑动摩擦导轨应用相对较少，因为滚动导轨较滑动导轨的摩擦系数小、耐磨性好。气浮导轨摩擦系数小、工作平稳、运动精度高、荷载能力强，常应用到大量程的影像测量仪中。气浮导轨主要由导轨体和气垫组成，还包括气源、稳压器、过滤器、气管、分流器等。

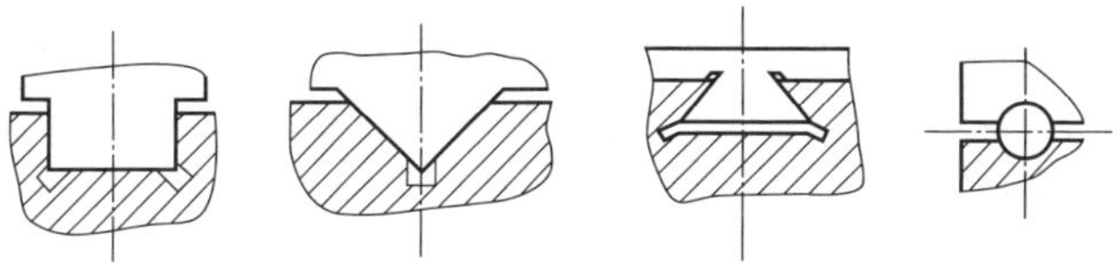

(a)矩形导轨　(b)三角形导轨　(c)燕尾槽导轨　(d)圆柱形导轨

图 2-1-2　常见的几种导轨形式

传动机构是影像测量仪的重要运动机构，可实现手动和程序控制运动的功能，影像测量仪大多采用滚珠丝杠等方式进行传动。此外，影像测量仪的标尺系统一般直接安装在机械主体上，也是决定仪器精度的重要组成部分。

滚珠丝杠是工具机械和精密机械上最常使用的传动元件（图2-1-3），其主要功能是将旋转运动转换成线性运动，同时兼具高精度、可逆性和高效率的特点。由于具有很小的摩擦阻力，滚珠丝杠被广泛应用于各种工业设备和精密仪器中。在影像测量仪中，主要是实现位移的传动，即在计算机指令下，驱动机构能将运动部件准确地移到所需位置，根据标尺系统反馈回来的信息去确定运动部件是否已经到达所需位置。驱动机构的传动误差不会直接引起定位误差，但若驱动机构精度不高，或有空行程、爬行现象，便会延长准确定位的时间，甚至来回搜索，乃至于难以准确定位。有些丝杠传动系统还具有自锁性能，只要丝杠停止运动，运动部件不会在惯性力或重力作用下继续运动。这对Z轴的影像探测系统很重要，即使Z轴平衡不好，也不会在自重作用下自行下垂，损坏镜头。

图 2-1-3　滚珠丝杠

标尺系统是影像测量仪的位移测量装置，主要由各运动轴的位移传感器组成。由于光栅尺的定位精度较高，目前市场主流的影像测量仪一般都选用光栅尺作为位移传感器。标尺系统的精度对影像测量仪的精度起决定性作用。

图2-1-4是光栅读数装置的基本原理图。光栅尺3固定在影像测量仪的固定部件上，光栅读数头固定在移动部件上。光栅头由光源1、聚光镜2、指示光栅4和光电元件5组成。由光源1发出的光经过聚光镜2形成平行光束，将光栅尺3与

指示光栅4照亮。光栅尺3与指示光栅4形成莫尔条纹。光栅头每移过一个栅距，莫尔条纹变化一个周期，光电元件5将莫尔条纹的亮暗转换成电信号。为了读出光栅头移过一个栅距内的信号，采用细分电路，即在莫尔条纹变化一个周期内，发出若干个细分脉冲，可逆计数器记录这一脉冲数。光栅头向不同方向移动时，可逆计数器按不同方向计数，计数器所计的数代表光栅头的位移量。

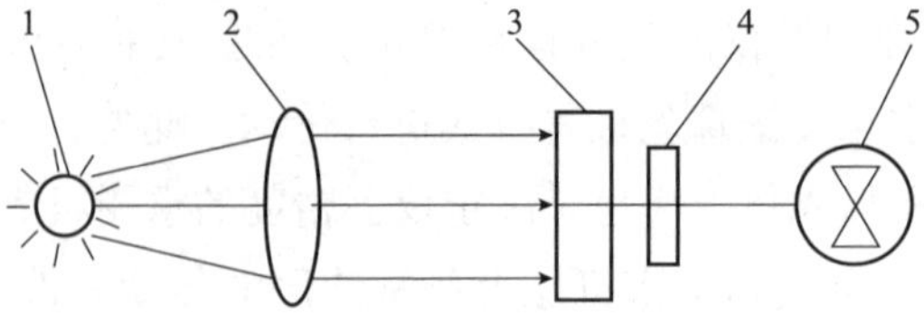


图 2-1-4　光栅工作原理

1—光源；2—聚光镜；3—光栅尺；4—指示光栅；5—光电元件

2.探测系统结构

影像测量仪的探测系统能够保证高质量、高可靠性的工件图像，并将这些图像转化为数字信号，提交给计算机进行处理。影像探测系统对影像仪的精度、重复度等性能起重要作用。目前主流的影像探测系统一般包括照明装置、镜头、光源、摄像机、图像采集卡等部分。

在探测系统中，合适的亮度和对比度是最佳成像的关键。在实际应用中一般需要专用的照明装置才能获得合适的亮度和对比度。光源和照明方案的好坏，往往会决定整个影响探测的成败。好的照明设计会极大地突出被测工件与背景之间的差异，提高工件边缘与背景之间的对比度，从而简化图像处理算法，提高测量精度。

影像仪中的光源一般有三种，即表面光、轮廓光及同轴光。

同轴光：针对高反射率零件测量，环形多角度程控光源，轻松实现深孔、厚度的截面测量。

表面光：与相机在同一侧，主要针对零件表面尺寸的测量、盲孔以及凸台的测量。

轮廓光：测量通孔及轮廓，称为底光，一般比较常用。

在视觉检测技术中，影像测量系统及缺陷检测系统都依赖于图像的采集，而图像采集需要合适的照明系统。不同的光源作用于不同的零件以及不同的检测位置，在影像测量仪检测过程中，要灵活运用光源，为获取准确的检测数据做准备。

3.驱动控制系统

驱动控制系统是影像测量仪的重要部件，主要功能包括驱动与控制机台$X$、

$Y$、$Z$轴的运动，读取$X$、$Y$、$Z$轴坐标，控制光源的开关与亮度，控制镜头的变倍，实时监控影像测量仪的状态。

影像测量仪根据控制系统和测量方式的不同，可以分为手动型和自动型影像测量仪。

手动型测量仪的控制系统主要包括读取光栅尺读数、光源控制等简单功能。这类控制系统结构简单、精度较低。当通过十字线瞄准测量点后，手动给出测量触发信号，该信号通知控制卡CPU实时地读出光栅尺的数值，计算出相应的空间位置，形成采样坐标值$X$、$Y$，供后续的数据处理使用。对光源的控制则是通过安装在机台上的旋钮来简单控制光源的开关以及亮度。

自动型测量仪的控制系统，又称CNC型（Computer Numeric Control）控制系统。CNC型控制系统由计算机控制，它是测量软件和机械本体间的桥梁。它可以通过测量软件发送控制命令，如移动机台、调整光源等。控制系统的功能主要包括读取机台空间坐标值、机台位置控制、镜头变倍控制、光源控制、操作手柄控制、仪器状态等。

4.其他辅助结构——精密转台

精密转台的引入使用了一种特殊伺服系统以满足参数要求，该系统能够很好地解决角度范围、角加速度、速度、定位精度和重复定位精度的问题。这种伺服系统具有响应快、力矩大、加速效果好、定位超级准确等特点，比传统位置定位用步进电机系统、伺服电机系统具有明显的优势，特别是定位精度。传统步进、伺服系统往往需要复杂的扭力传送机构，如减速机、联轴器等，该结构本身定位精度有限。精密转台的伺服系统是直接扭力输出，不需要采取另外的附加机械装置。

精密转台的转盘为中空结构（图2-1-5），具有高重复定位精度、高刚性、高旋转精度的特点。

图 2-1-5　精密转台

### 1.6.2　影像测量仪的日常维护与保养

影像仪是一种高精密测量仪器，只有经过专业培训的人员才能操作机器。同时，影像仪还需要定期维护与保养。

所有的环境条件，比如温度、湿度、振动、灰尘和照明等应按照精密量仪使用专业要求相应配置，如温度应该在20℃ ± 2℃范围内，恒温室是影像仪最适宜的场所。此外，在使用中应遵守以下基本原则：

1.注意光照

不要将设备安装在太阳光直射或光线变化明显的位置；强光或太阳直射的光照环境下，会干扰全自动影像测量仪的采点判断，极大影响测量仪的测量精度，还有可能损坏仪器。

2.专机专用

仪器所配备的计算机为专机专用，严格装入其他与仪器无关的软件；严禁带有病毒的移动设备插入；禁止删除备份的仪器校验补偿参数文件。

3.避免振动

严禁未经工程师允许任意移动仪器；操作盒应正确放置，特别注意不应放置在玻璃平台上；尖锐零件在玻璃平台上应小心放置，以防划伤玻璃。

对于高精密影像测量仪，当仪器感受到周围的振动，并且是很细微的振动，精度自然受到影响。如果长期处于振动环境，将致使其零部件受损，严重的导致仪器损坏。

4.保持清洁

保持工作现场环境的清洁。对于机器外罩使用无尘布擦拭；对于玻璃面和大理石应使用工业酒精和无尘布擦拭；对于使用气浮导轨的仪器，应经常使用酒精和无尘布擦拭导轨，禁止在导轨上放置任何零件和工具；简易保洁工作在每天开机前进行一次。

全自动影像测量仪的导轨、镜头、光栅尺和平面玻璃等都不能沾染油污，否则会影响仪器的正常使用。平常要注意不要用手直接触摸仪器，应带上棉质手套操作。如果长时间不使用该机器时，应使用防尘罩盖住机器防尘。

5.定期检查

每周检查机器、电脑连接电缆状态一次，注意电缆插头处的防松、防尘、防老化。

### 1.6.3 影像测量仪的开、关机规范操作

开机顺序：(1)开启电脑；(2)启动影像测量仪；(3)启动测量软件。

关机顺序：(1)关闭测量软件(先将必要的档案存档)；(2)关闭影像测量仪；(3)关闭电脑。

# 任务二　影像仪测量软件认识与使用

## 2.1　任务描述

（1）熟悉VMS250型影像仪的结构组成；

（2）掌握影像测量软件OVMLITE的使用方法，认识测量软件OVMLITE的视窗环境及功能列表。

## 2.2　课前准备

（1）对照实训室VMS250型影像仪，了解其各个组成单元及功能；

（2）查阅资料或设备使用说明书，了解测量软件OVMLITE。

## 2.3　实训要求

（1）严格遵守实训室相关制度，听从老师安排，积极主动完成规定任务，保证任务高效学习；

（2）认真学习、收集任务相关资料，完成课前准备工作；

（3）分小组完成任务，撰写实训报告，进行简单梳理，准备分组汇报。

## 2.4　实训目标

### ❑ 知识目标

（1）掌握实训室VMS250型影像仪的组成单元及功能特点；

（2）熟悉测量软件OVMLITE的视窗环境及功能列表，掌握影像测量软件OVMLITE的使用方法。

### ❑ 技能目标

（1）能熟练指出VMS250型影像仪的结构单元名称及其功能；

（2）能独立进行OVMLITE测量软件的界面操作，并完成测量前准备工作。

### ❑ 素质目标

规范学生应用VMS250型影像仪的测量流程，培养学生良好的职业素养。

## 2.5 实施记录

（1）根据老师引导，简要写出VMS250型影像仪的结构单元名称，并说明其功能。

（2）简要描述测量软件OVMLITE的视窗区域划分及其功能。

（3）VMS250型影像仪测量前的准备工作有哪些？

## 2.6　知识链接

### 2.6.1　VMS250型影像仪的主要结构单元及其功能介绍

VMS250型影像仪可以对零件进行平面二维检测，主要测量零件或工件的长度、角度、内径、外径、圆弧长度、圆心距以及常用的几何误差，比如直线度、平行度、圆度及圆柱度等。VMS250型影像仪的主体结构主要分为机械主体结构、驱动控制系统、计算机软件系统三部分，如图2-1-6所示。

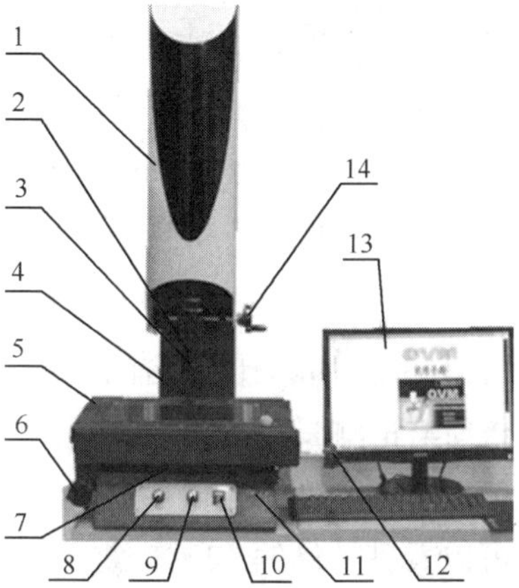


图 2-1-6　VMS250 型影像仪

1—摄像机罩；2—倍数调节按钮；3—摄像镜头；4—立柱；5—工作台；6-$Y$轴转动手柄；7—开合手柄；8—上光源按钮；9—下光源按钮；10—电源开关；11—底座；12-$X$轴转动手柄；13—软件使用界面；14—升降手轮

机械主体结构主要包括测量工作台、支撑臂及坐标轴移动手轮，主要功能是支撑影像测量系统，对被测零件的位置进行调整、调焦。另外，工作台和$Z$轴（立柱）分别内置轮廓光源和表面光源，通过调整坐标轴、光源强度以及物镜倍数，使被测工件清晰地显示在计算机软件屏幕上。驱动控制系统主要在仪器操作过程中提供动力，对整个系统的稳定性提供保障，最后根据测量标准和要求，在计算机软件中选取相应命令，对被测工件进行检测，测量结果可以进行保存并导出为文本或者表格形式，最终进行数据处理，生成测量报告。

### 2.6.2　影像测量软件OVMLITE的操作界面介绍

本小节实训任务主要学习影像测量软件的界面操作，认识测量软件OVMLITE的视窗环境及其功能列表。OVMLITE的版面配置由下拉主菜单、下拉功能表及弹跳式对话框构成（图2–1–7），下面将进行简要介绍。

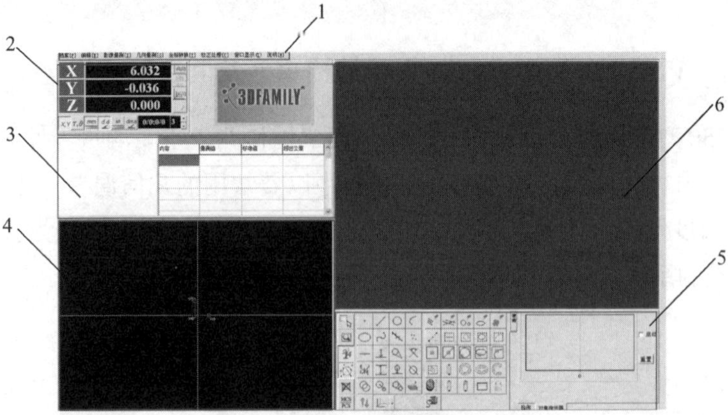


图 2–1–7　影像仪测量软件界面

1—下拉主菜单；2—坐标显示；3—物件列表；4—几何视窗；5—显示快捷键；6—影像视窗

区域1：下拉主菜单。

区域2：坐标显示，可以知道目前测量平台的位置、单位。

区域3：物件列表，将所有的测量单元及属性列出。

区域4：几何视窗，可以看到工件的几何构成。

区域5：影像视窗，可以看见工件的实际影像。

区域6：显示快捷键，将常用的功能以快捷键的形式显示出来。

1.坐标显示

如图2–1–8所示，坐标显示窗口为笛卡尔直角坐标系。

*X*：*X*坐标，双击鼠标左键将目前的*X*坐标设定为0或1/2。

*Y*：*Y*坐标，双击鼠标左键将目前的*X*坐标设定为0或1/2。

*Z*：*Z*坐标，即镜头高度。

极坐标系：$r$，半径；$\theta$，角度。

点击图示中相应按键，可进行坐标系以及单位切换。

分号之前代表点数，分号之后代表物件数。例如：按下几何测量的两圆圆心距时，会显示“0/6：0/2”，表示两圆圆心距，需要输入两个物件六个点。

图 2–1–8　坐标显示窗口

2. 物件列表

如图2–1–9所示，物件列表区域，对物件列表中某个物件按下鼠标左键，右侧会出现该物件的属性；对物件列表中某个物件按下鼠标右键，会出现如图2–1–10所示快捷方式。

图2–1–9　物件列表

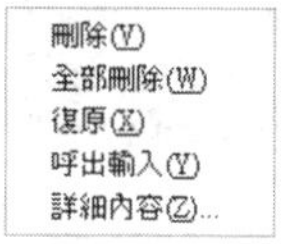

图2–1–10　快捷菜单

如果是对物件进行形状公差分析，直接在公差这一栏输入标准值，那么在超出公差中显示超出的公差值。如果是方向公差、位置公差分析，首先在参考物件中选择参考基准，如图2–1–11所示，接下来的操作与形状公差类似。

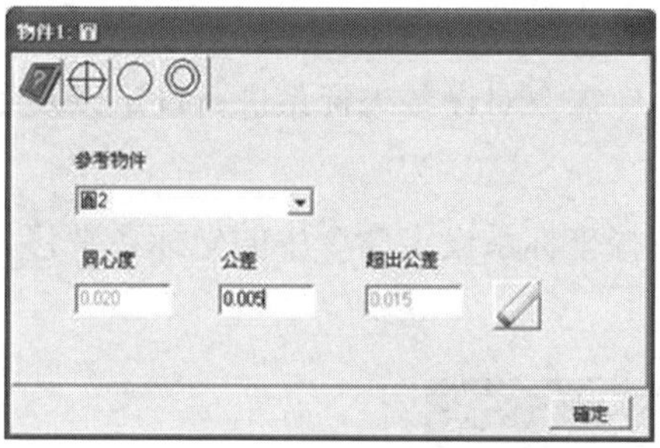

图2–1–11　选择基准

3. 影像测量

根据不同工件特点，可以用轮廓光或表面光影像测量来实现最佳测量效果，测量时首选轮廓光测量，当用此方法无法达到测量要求时，再选择表面光。具体操作：先点击要开的灯光，然后鼠标移动到左边拖动条来调节亮度，要关灯的话，只需要点击相应灯光旁边的OFF键就可以了。图2–1–12显示的是实际工件测量影像。

4. 几何测量

几何测量视窗显示的是工件的几何图像（图2–1–13）。在影像测量视窗中得到的点、线、面等几何特征，可以在几何测量视窗中显示，然后进行距离、角度等的测量。几何测量视窗中，对任一工件按下鼠标左键，在物件列表中便会显示该工件的属性。

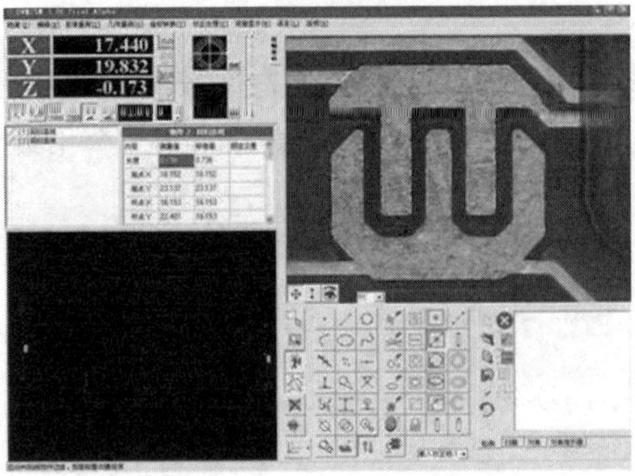


图 2-1-12 工件测量影像

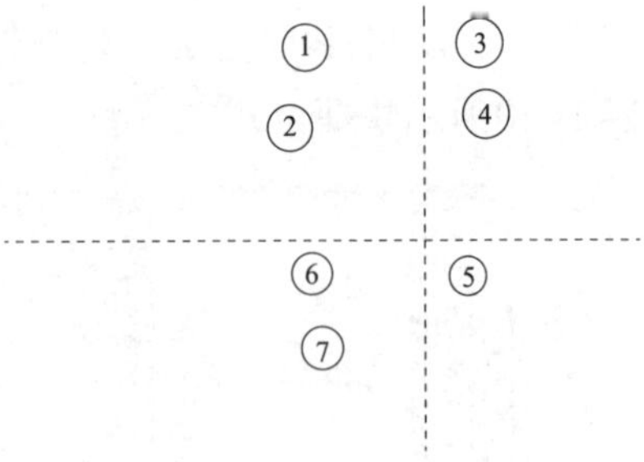


图 2-1-13 几何测量

5.数据存储

选择要输出的格式及测量数据，测量结果可以输出为word、excel、dxf等格式，如图2-1-14所示。

### 2.6.3 测量前准备工作

在进行工件测量前，需要对设备坐标系进行设定以及图像进行校正。

1.坐标系设定

坐标系设定可以选择坐标系设定命令中的坐标系平移、坐标系旋转等，如图2-1-15所示。

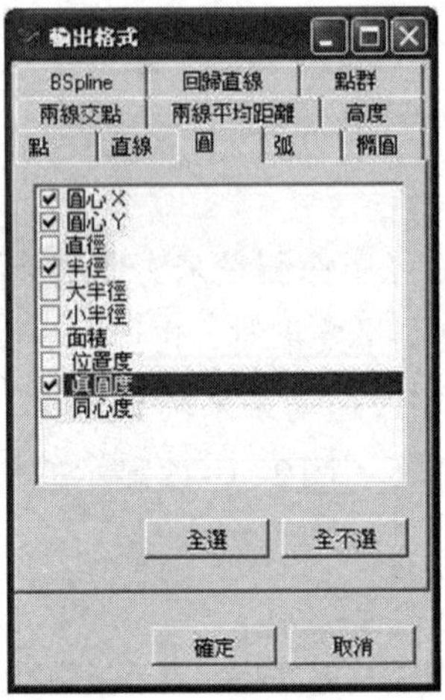


图 2-1-14 选择输出

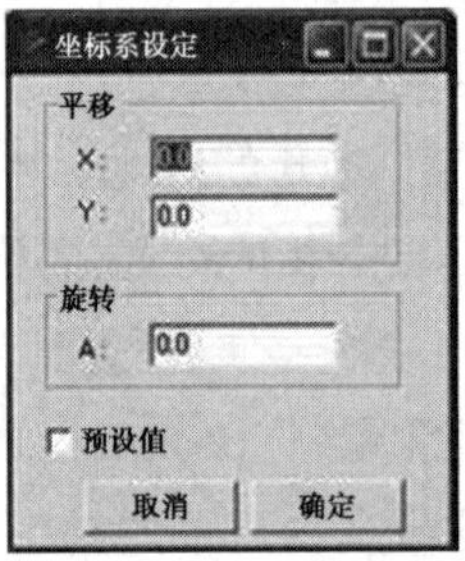


图 2-1-15 坐标系设定

2.图像校准

在进行测量前，必须先进行图像校准(图2-1-16)，校准步骤如下：

（1）首先将校准块置于扫描平台上；
（2）按下功能表中的“影像测量摄影”键，开始摄影；
（3）再依次按下功能表中的“校正处理”“影像校正”“线性校正”键；
（4）调节镜头放大倍率并调好焦距；
（5）选择校准块上面一个合适大小的标准圆（图2-1-17），鼠标左键点击；

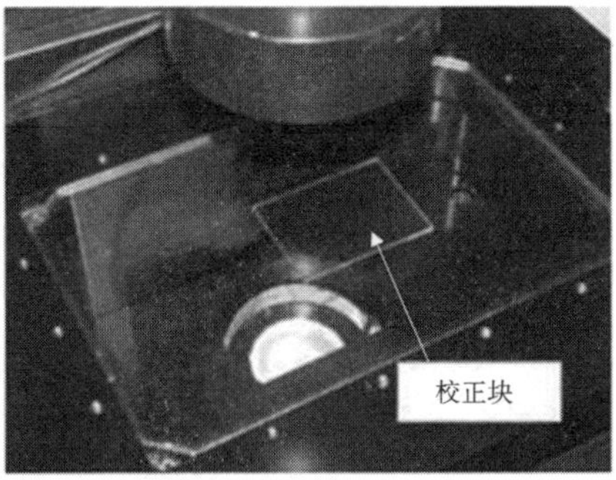


图2-1-16　图像校准

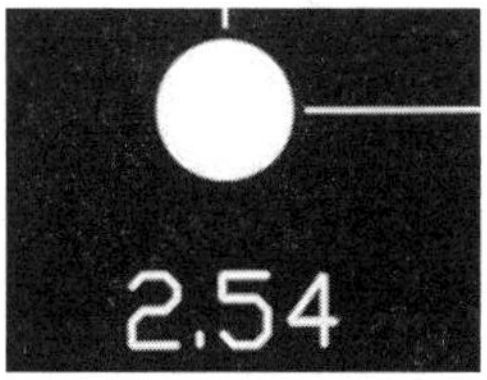


图2-1-17　标准圆

（6）移动$X$轴，让该标准圆离开原来的位置，鼠标左键点击；
（7）移动$Y$轴，让该标准圆离开原来的位置，鼠标左键点击；
（8）重复步骤（6）、步骤（7），最好能让该标准圆在屏幕的四个角落都出现；
（9）至少出现过三个不同位置的圆后，点击鼠标右键；
（10）出现“校正成功”对话框即表示图像校正成功。

# 任务三　用影像仪测量零件几何量误差

## 3.1　任务描述

（1）根据提供的零件及图纸，正确进行零件分析，并做好记录；

（2）熟练完成影像仪测量前准备工作，包括正确启动设备、安装工件、坐标系设定及图像校准等；

（3）结合实训室提供的影像仪，完成零件相关几何量测量，并判定其合格性。

## 3.2　课前准备

（1）对照图纸，完成零件精度分析；

（2）熟悉实训室VMS250型影像仪的测量前准备工作。

## 3.3　实训要求

（1）严格遵守实训室相关制度，听从老师安排，积极主动完成规定任务，保证任务高效学习；

（2）认真学习、收集任务相关资料，完成课前准备工作；

（3）分小组完成任务，撰写实训报告，进行简单梳理，准备分组汇报。

## 3.4　实训目标

### ❑ 知识目标

（1）理解零件图的几何量标注含义；

（2）熟悉VMS250型影像仪测量软件的视窗环境及功能列表。

### ❑ 技能目标

（1）能读懂图纸，并进行精度分析；

（2）能熟练完成VMS250型影像仪的测量前准备工作；

（3）能正确使用VMS250型影像仪进行零件几何量测量，并判定其合格性。

### ❑ 素质目标

规范学生应用影像仪进行零件精度分析与检测的操作流程，培养学生良好的职业素养。

## 3.5　实施记录

（1）找出图纸上所有的几何量公差项目，并分类填写在表2–1–1中。

**表2-1-1　几何量公差项目**

| 序号 | 类型 | |
|---|---|---|
| 1 | 尺寸公差 | |
| 2 | 几何公差 | |
| 3 | 表面粗糙度 | |

（2）将测量结果填写在表2–1–2中，并进行合格性判定，分析其不合格项目产生的原因。

**表2-1-2　合格性判定**

| 序号 | 检测项目 | 标注尺寸/mm | 测量结果 | 结论 |
|---|---|---|---|---|
| 1 | 轴径1 | $\phi24_{-0.1}^{\ 0}$ | | |
| 2 | 轴径2 | $\phi22_{-0.1}^{\ 0}$ | | |
| 3 | 轴径3 | $\phi16_{-0.1}^{+0.1}$ | | |
| 4 | 球半径 | $R6$ | | |
| 5 | 总长度 | $80_{-0.1}^{+0.1}$ | | |
| 6 | 直线度 | 0.05 | | |
| 7 | 垂直度 | 0.05 | | |

分析：______________________________________________________

______________________________________________________________

______________________________________________________________

______________________________________________________________

______________________________________________________________

______________________________________________________________

______________________________________________________________

（3）简述某一尺寸误差或几何误差的测量过程。

## 3.6 知识链接

### 3.6.1 图像校准

测量之前，需要进行图像校准。将校准块放置在工作台上，镜头选取70倍率，调节镜头直至校准块上的特征清晰显示在视窗中。依次点击菜单栏“校正处理—影像校正—线性校正”，在影像视窗中选取一个合适的圆，按照箭头指示，移动$X$轴和$Y$轴，让选中的圆分别在视窗四个象限中显示，并分别点击鼠标左键进行确定，完成后，软件弹出显示“校正成功”，即完成图像校准，如图2-1-18所示。

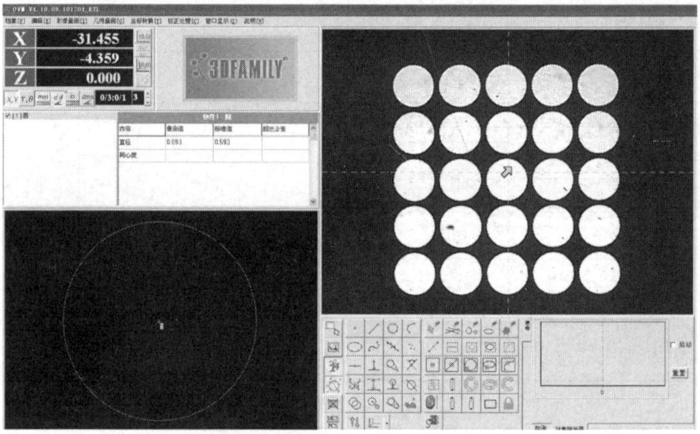


图2-1-18　图像校准

### 3.6.2 零件测量

图2-1-19所示为测量零件图，完成如表2-1-3所示的几何量检测。

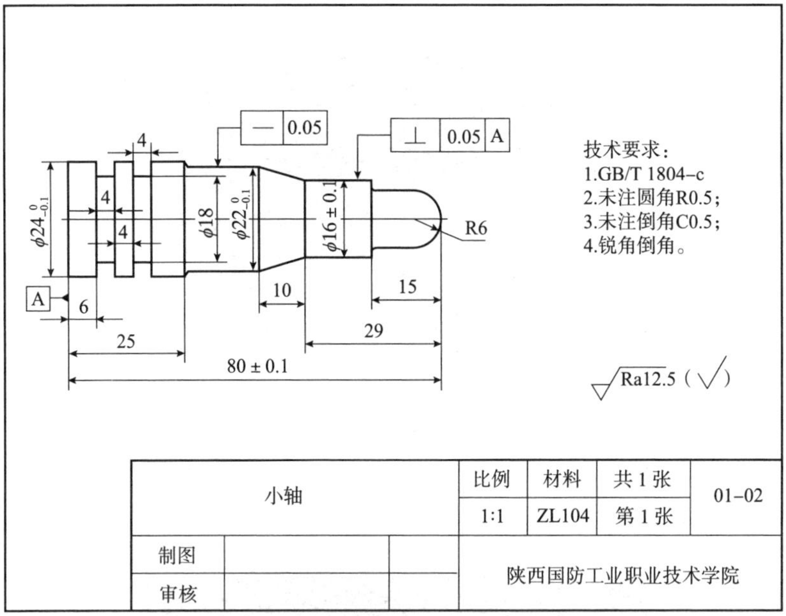


图 2–1–19　零件图

**表 2-1-3　检测项目**

| 序号 | 项目名称 | 标注尺寸/mm |
|---|---|---|
| 1 | 轴径 1 | $\phi 24^{0}_{-0.1}$ |
| 2 | 轴径 2 | $\phi 22^{0}_{-0.1}$ |
| 3 | 轴径 3 | $\phi 16^{+0.1}_{-0.1}$ |
| 4 | 半径 | *R*6 |
| 5 | 总长度 | $80^{+0.1}_{-0.1}$ |
| 6 | 直线度 | 0.05 |
| 7 | 垂直度 | 0.05 |

将被测工件放置在工作台上，打开下光源，调整镜头直至影像视窗中显示清晰的工件影像为止。由于工件过大，视窗中只能显示部分，如图 2–1–20 所示。

在影像视窗下方的快捷键中选择两点直线和圆弧命令，移动工作台 *X* 轴和 *Y* 轴，依次拟合出被测工件的轮廓。在几何视窗内显示完整的拟合图形，在物件列表里显示拟合特征名称，如图 2–1–21 所示。创建完成之后，在物件列表里选中特征，右击鼠标选中详细信息，可以看到所建特征的具体信息，如图 2–1–22 所示。

图 2-1-20 工件影像

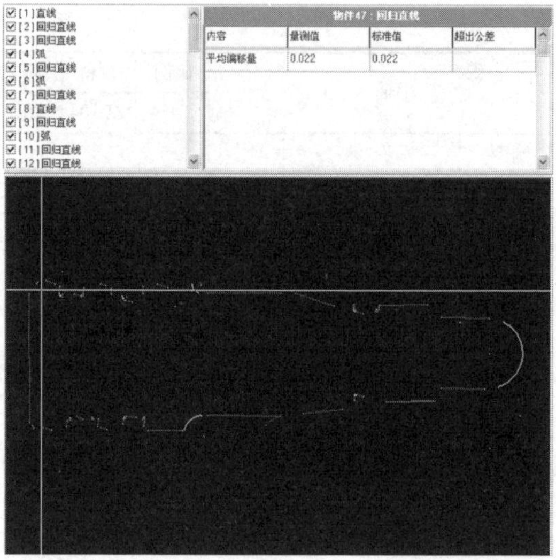


图 2-1-21 几何视窗和物件列表

图 2-1-22 几何特征详细信息

点击快捷命令两直线距离（图2-1-23），对工件直径、槽宽以及长度进行测量。在物件列表中，选中直线2，右击鼠标，选中呼入输出；选中直线46，右击鼠标，选中呼入输出，然后再集合视窗中即可看到两线距离。同样地，在物件列表中，选中直线16，右击鼠标，选中呼入输出；选中直线32，右击鼠标，选中呼入输出，然后再集合视窗中即可看到两线距离。工件长度和直径可用此方法依次测量。

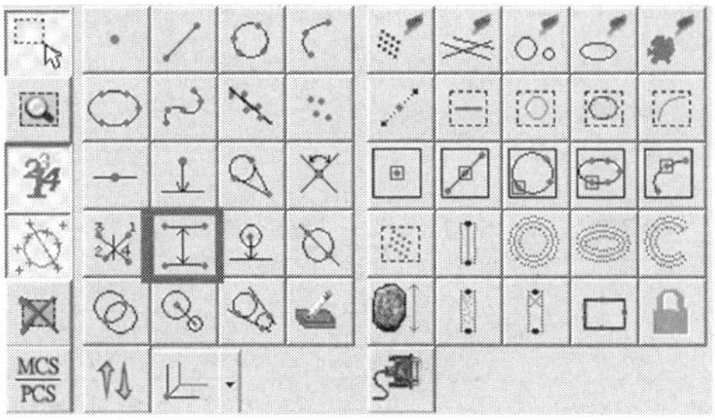


图 2–1–23　快捷命令两直线间距离

在快捷命令中选中“角度，两线交点”（图2–1–24），然后点击直线17，右击鼠标，选中呼入输出；选中直线31，右击鼠标，选中呼入输出，即可获得两直线夹角。

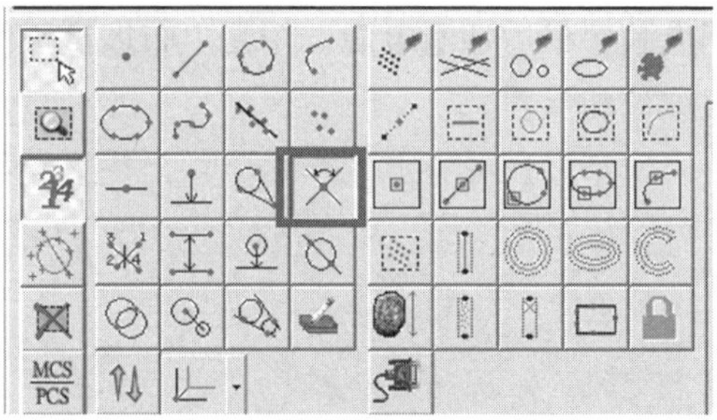


图 2–1–24　角度命令选择

点击直线24，右击鼠标，选中详细信息，点击几何公差测量项目中的直线度，设定公差值，即可判定其直线度误差，如图2–1–25所示。

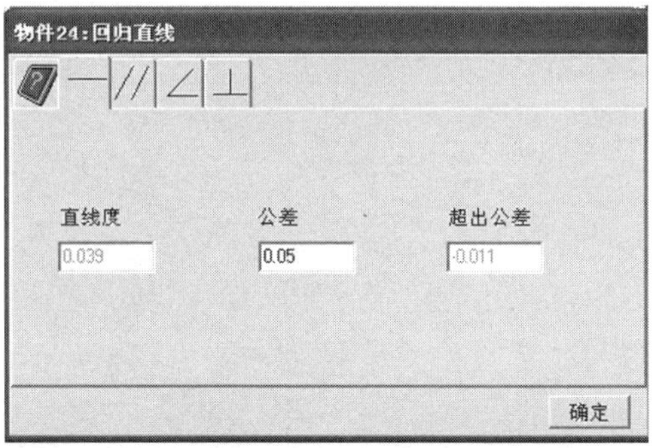


图 2–1–25　直线度误差测量

点击直线16，右击鼠标，选中详细信息，点击几何公差测量项目中的垂直度，选择参考物件，回归直线48，设定公差值，即可进行判定直线16的平行度误差，如图2-1-26所示。

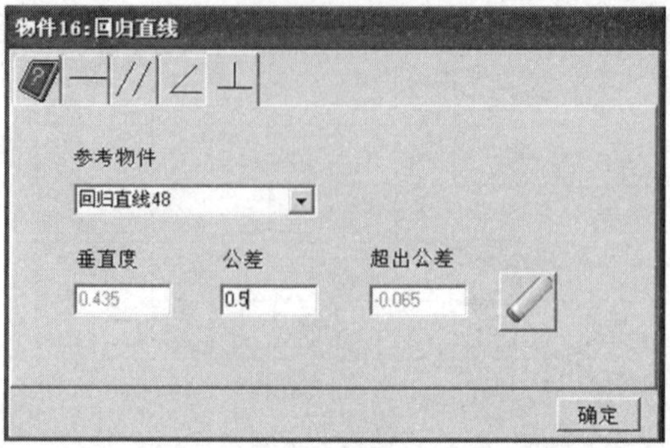


图 2-1-26　平行度误差测量

按照上述步骤，依次对所需特征进行测量，最后点击菜单栏“档案”，可选择输出word或excel格式的测量报告。

最后，测量完毕，将工件取下，关闭测量软件（先将必要的档案存档），关闭影像测量仪，关闭电脑，最后切断电源。用无尘布擦拭工作台及其他需要清洁的部件，做好影像仪维护和保养。

# 模块二　三坐标测量机

随着科技快速发展，我国工业生产智能化、高精化、无人化等技术方面的要求越发迫切。不仅在智能制造行业取得了不错的成果，而且智能检测方面也取得了重大技术突破，以实现复杂零件智能化检测，提高工作效率，减少企业成本，为我国国民经济的增长提供重要保障。

三坐标测量机（图2-2-1）在机械、电子、仪表、塑胶等行业广泛应用，是测量和获得尺寸数据最有效的方法之一，具有高精度、高稳定性、高效率及高性价比等特点，能持续稳定完成零件几何量测量，批量检测时稳定性好、效率高，能代替多种表面测量工具及昂贵的组合量规，并降低复杂测量任务的时间成本。三坐标测量机的原理是将被测零件放入它允许的测量空间，精密地测出被测零件表面的点在空间三个坐标位置的数值，将这些点的坐标数值经过计算机数据处理，拟合形成测量元素，如圆、球、圆柱、圆锥、曲面等，经过数学计算的方法得出其形状、位置公差及其他几何量数据。

图 2-2-1　三坐标测量机

三坐标测量机按结构分为桥式、大型龙门式、便携式及影像测量、齿轮测量、悬臂测量等。其中，桥式三坐标应用较为广泛；大型龙门式三坐标主要应用于大型零件外部测量，如汽车外轮廓测量等；便携式测量机因体积小巧、携带方便，主要应用于外出检测等。

# 任务四　三坐标测量机认识

## 4.1　任务描述

（1）熟悉三坐标测量机的主要组成结构及其功能；
（2）初步认识PC-DMIS测量软件界面区域划分及各区域功能；
（3）熟练掌握三坐标测量机操纵盒各按键名称及其作用；
（4）熟练掌握三坐标测量机开、关机步骤；
（5）熟悉三坐标测量机的工作环境要求及日常保养。

## 4.2　实训目标

### ❑ 知识目标

（1）了解三坐标测量机的主要组成结构名称及其功能；
（2）掌握PC-DMIS测量软件界面区域划分及各区域功能；
（3）掌握三坐标测量机操纵盒各按键名称及其作用。

### ❑ 技能目标

（1）能正确、规范进行三坐标测量机开、关机操作；
（2）能正确使用三坐标测量机操纵盒；
（3）能规范配置三坐标测量机的工作条件，并对其进行日常维护与保养。

### ❑ 素质目标

通过三坐标测量机的基本认识，规范学生对精密量仪的操作意识，培养学生良好的职业素养。

## 4.3　实施记录

（1）根据老师引导，简要写出实训室现有三坐标测量机的组成结构，并说明其功能。

________________________________________

________________________________________

________________________________________

________________________________________

________________________________________

（2）简述三坐标测量机开、关机步骤。

（3）简述三坐标测量机操纵盒能实现哪些操作。

（4）三坐标测量机的工作环境有哪些要求？日常维护与保养的注意事项有哪些？

## 4.4 知识链接

以海克斯康Global Advantage.05.07.05型三坐标测量机为例，主要介绍测量机的组成结构，开、关机规范操作流程，PC-DMIS软件界面，测量机操纵盒的使用，测量机的工作环境及日常保养。

### 4.4.1 组成结构

海克斯康Global Advantage.05.07.05型三坐标测量机主要组成部分如图2-2-2所示，主要包括以下内容：

（1）主机机械系统（$X$、$Y$、$Z$三轴或其他）；

（2）测头系统；

（3）电气控制硬件系统；

（4）数据处理软件系统（测量软件）。

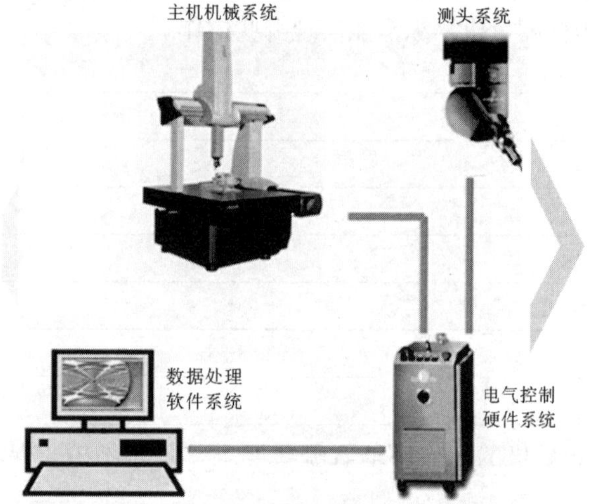


图2-2-2 三坐标测量机主要组成部分

Global Advantage.05.07.05型三坐标测量机为移动桥式测量机，其中的05.07.05指的是：测量机$X$轴行程500mm，测量机$Y$轴行程700mm，测量机$Z$轴行程500mm。主机机械系统实现测头$X$、$Y$、$Z$三个方向上的运动，测头系统包括测座和测头，数据处理软件是PC-DMIS。

### 4.4.2 工作环境及日常保养

1.工作条件

海克斯康Global Advantage.05.07.05型三坐标测量机工作条件如表2-2-1所示。

表2-2-1　三坐标测量机工作条件

| 序号 | 参数 | 主要条件 |
|---|---|---|
| 1 | 温/湿度 | 温度范围：20℃ ± 2℃<br>温度时间梯度：≤1℃/h & ≤2℃/h<br>温度空间梯度：25%~75%（推荐40%~60%）<br>注意：测量机空调全天开放，不应受到阳光照射，不应靠近暖气，不应靠近进、出道，推荐根据房间大小使用相应功率的变频空调 |
| 2 | 气源 | 供气压力：>0.5MPa<br>耗气量：>150N/min（2.5$dm^2$/s）<br>含水：<6g/$m^3$，含油：<5mg/$m^3$<br>微粒大小：<40μm，微粒浓度：<10mg/$m^3$<br>气源的出口温度：20℃ ± 4℃ |
| 3 | 振动 | 如果机床周围有大量的振源，需要采取减振地基或者配置减振设备 |
| 4 | 电源 | 电压：交流220V（1 ± 10%）<br>电流：独立<br>独立专用接地线：接地电阻≤4Ω |

2.维护保养

三坐标测量机的组成比较复杂，主要由机械部件、电气控制部件、计算机系统组成。平时我们在使用三坐标测量机测量工件的同时，也要注意机器的保养，以延长机器的使用寿命。下面重点介绍压缩空气和导轨的维护保养。

（1）压缩空气保养。

由于压缩空气对三坐标测量机的正常工作起着非常重要的作用，所以对气源的维护和保养至关重要，一般包括以下两部分内容：

①每天使用三坐标测量机前检查管道和过滤器，放出过滤器内及空压机或储气罐的水和油；

②一般3个月要清洗随机过滤器和前置过滤器的滤芯，空气质量较差的周期要适当缩短，因为过滤器的滤芯在过滤油和水的同时，本身也被油污染堵塞，时间稍长就会使测量机实际工作气压降低，影响三坐标测量机正常工作，因此，一定要定期清洗过滤器滤芯。

（2）导轨维护保养。

三坐标测量机的导轨是测量机的基准，只有保养好气浮块和导轨才能保证测量机的有效工作。三坐标测量机导轨的保养除了要经常用酒精和脱脂棉擦拭外，还要注意不要直接在导轨上放置零件和工具，尤其是花岗石导轨，因其质地比较脆，任何小的磕碰会造成碰伤，如果未及时发现，碎渣就会伤害气浮块和导轨。此外，要养成良好的工作习惯，一般用布或胶皮垫在下面，保证导轨安全。

### 4.4.3 开、关机步骤

1.开机步骤

（1）旋转红色旋钮打开气源（气压表指针在绿色区域内为合格），如图2-2-3所示。

（2）开启控制柜电源开关（图2-2-4），系统进入自检状态（操纵盒所有指示灯全亮），开启计算机。

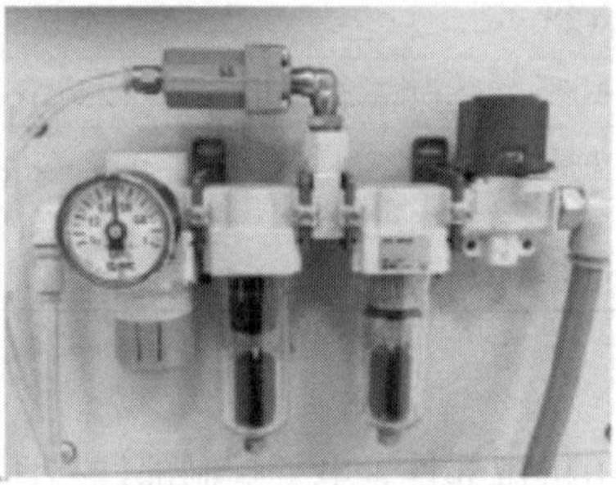

图2-2-3　气压开关

图2-2-4　控制柜开关

（3）系统自检完毕后（操纵盒部分指示灯灭），长按操纵盒中的加电按钮2s，给驱动部分加电。

（4）启动PC-DMIS软件，测量机进入回零（回家）过程，使用管理员权限打开软件。

（5）选择当前的默认测头文件。如当前未配置测头，则选择“未连接测头”。

（6）单击“确定”按钮，测量机自动回到零点。

（7）测量机回零后，PC-DMIS进操作界面。

2.关机步骤

（1）关闭系统时，首先将Z轴移动到安全的位置和高度，避免造成意外碰撞。

（2）退出PC-DMIS测量软件，关闭控制系统电源和测座控制器电源。

（3）关闭计算机电源、除水机电源，关闭气源开关。

### 4.4.4 PC-DMIS界面介绍

1.配置介绍

PC-DMIS根据客户的需求不同有三种配置：

（1）具备完善测量功能的全特征通用测量软件；

（2）包括所有PC–DMIS PRO软件功能的同时，增加了基于CAD模型的测量功能；

（3）包括所有PC–DMIS CAD软件功能的同时，增加了扫描和检测薄壁件类特征的功能。

2.操作界面

如图2–2–5所示，PC–DMIS操作界面包括标题栏、菜单栏、工具栏、编辑窗口、图形显示窗口及状态栏，具有灵活友好、多窗口、图形可视化等特点。此外，不仅可以定制图标化工具条，包含PC–DMIS主要功能，还可以定制直观图形化界面进行保存，图标化工具条可以缩放，并放置在窗口的任意位置，以方便浏览和调用。

图2–2–5　PC–DMIS操作界面

3.支撑语言

具有中文、英文、德文、日文、韩文、意大利文、法文、西班牙文等8种语言支持功能，极大方便不同国家和地区使用。

### 4.4.5　操纵盒功能介绍

三坐标测量机操纵盒如图2–2–6所示，其按键及功能介绍如下：

（1）抓杆+Probe Enable：手动驱动测量机进行$X$、$Y$、$Z$轴向的移动；

（2）速度旋钮：用来控制坐标测量机的运行速度；

（3）加电接钮：启动控制柜，完成自检后需要按按钮给驱动部分加电；

（4）急停按钮：在测量机测量过程中，将要发生碰撞等事故时，可按下此按钮；

（5）测头激活：灯亮表示测头处于激活状态，测量过程中应该保持长亮；

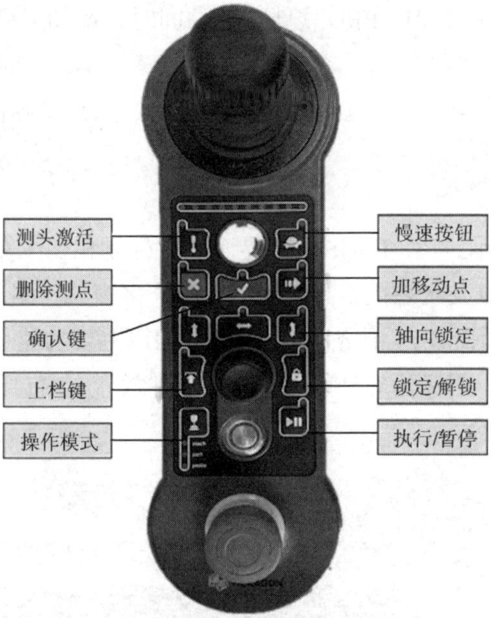


图 2-2-6　三坐标测量机操纵盒

（6）慢速按钮：灯亮表示测量机进入慢速移动状态（仅手动模式有效）；

（7）删除点：用于手动测量误采点后该点删除；

（8）添加移动点：在测量机自动测量编程过程中手动添加移动点；

（9）轴向锁定：手动驱动测量机按照指定轴向移动；

（10）锁定/解锁：通过该按钮取放测头吸盘；

（11）上档键：特定机型（配置CW43测座）使用，用于旋转角度；

（12）操作模式：在测量机手动测量过程中进行mach/part/probe三种模式切换；

（13）执行/暂停：灯亮表示测量机处于执行状态。

# 任务五　三坐标测量机测头校验

## 5.1　任务描述

完成三坐标测量机测头校验，查看校验结果。

## 5.2　实训目标

### ❑知识目标

（1）认识三坐标测量机测头组成部分，理解测头直径、总长度、测杆直径、测杆有效工作长度等概念；

（2）理解测头校验各设置参数的含义。

### ❑技能目标

（1）能正确安装标准球并进行参数设置；

（2）能正确使用测头；

（3）能正确、规范进行三坐标测量机测头校验。

### ❑素质目标

通过三坐标测量机测头校验，规范学生对精密量仪的操作意识，培养学生良好的职业素养。

## 5.3　实施记录

（1）根据老师引导，写出实训室现有三坐标测量机测头的组成部分，以及测头直径、总长度、测杆直径、测杆有效工作长度分别是多少。

________________________________________

________________________________________

________________________________________

________________________________________

________________________________________

________________________________________

________________________________________

________________________________________

（2）简要描述测头校验步骤，完成测头校验，根据测量软件提示，写出本次测头校验的结果。

________________________________________________________________________________
________________________________________________________________________________
________________________________________________________________________________
________________________________________________________________________________
________________________________________________________________________________
________________________________________________________________________________
________________________________________________________________________________

## 5.4 知识链接

### 5.4.1 测头的组成部分

测头是三坐标测量机的一部分，主要用来触测工件表面，当测头的机械装置移动且触碰工件表面时，将产生触发信号并采集一个测量数据。测头一般由一个杆和红宝石球组成，如图2-2-7所示。红宝石硬度较高，作为测头材料磨损量最小，且密度也较低，质量较小，从而可以避免由于机器运动或振动而造成的测头误触发。

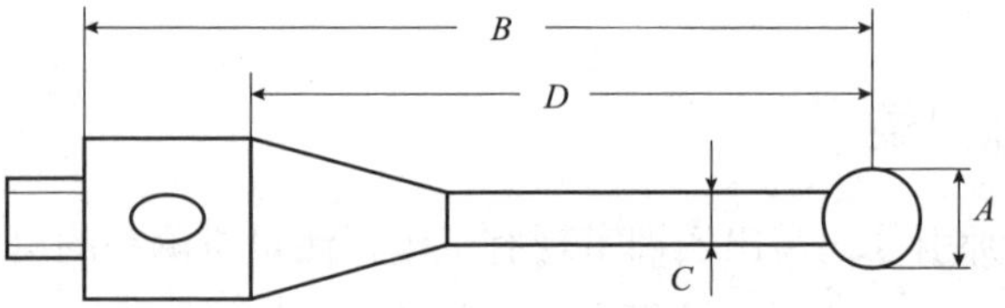


图 2-2-7 测头组成部分

*A*—测头直径；*B*—总长度；*C*—测杆直径；*D*—测杆有效工作长度

注：①总长度，指从测头后固定面到测尖中心的长度；

②有效工作长度，指从测尖中心到一般测量特征发生障碍的测头点的距离。

### 5.4.2 测头的正确使用

测量过程中，要求测头的刚性和测尖的形状都达到尽可能最佳的程度，以保证一定的测量精度。在对测头的使用上，应注意以下两点：

（1）测头长度尽可能短。测头弯曲或偏斜越大，测量精度越低，因此，测量时，尽可能采用短测头。

（2）连接点尽可能少。每次将测头与加长杆连接在一起时，就会额外引入新的潜在弯曲和变形点，因此，连接杆尽可能少。

### 5.4.3　测头校验

（1）打开DEMO零件的测量程序（Hexagon Demo_1.prg），如图2-2-8所示，了解编程时测头配置，按照此配置定义并校验测头。

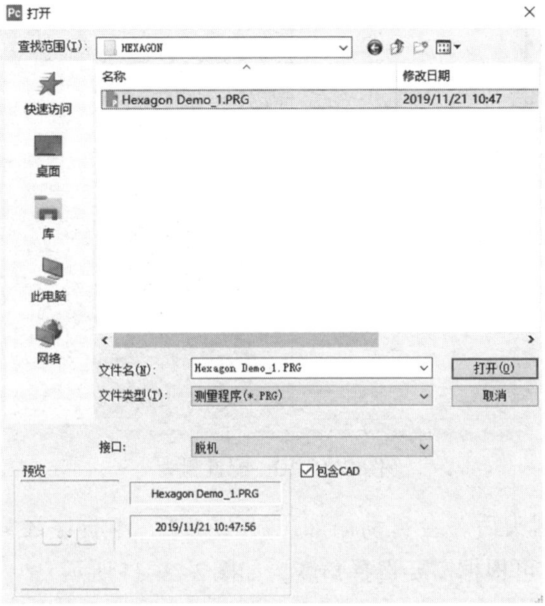


图2-2-8　打开测量软件

（2）将光标置于“加载测头”处（图2-2-9），单击鼠标右键选择“编辑”，弹出“测头工具框”对话框。

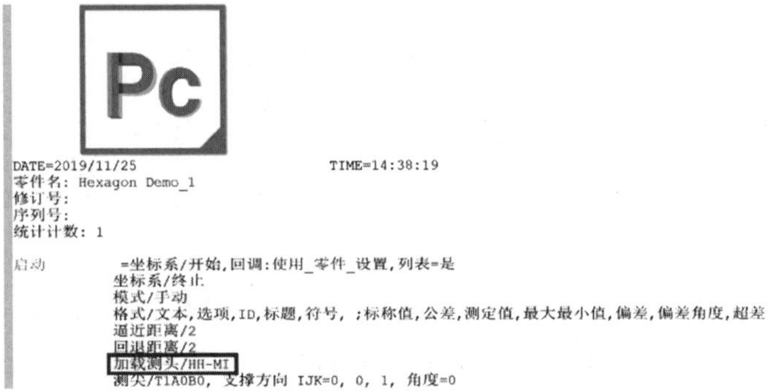


图2-2-9　加载测头

（3）配置测头文件。在“测头文件”框下输入测头文件名称，然后在“测头说明”处点击下拉框，选择测头文件信息（图2-2-10）。

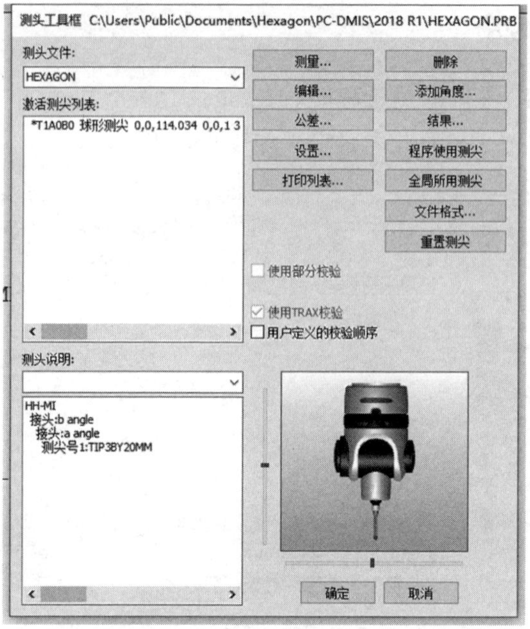


图 2-2-10 配置测头

（4）配置好测头后，会自动添加角度A0 B0，本程序还需要添加角度A90 B90，A90 B-90，可根据需要选择角度，如图2-2-11所示。

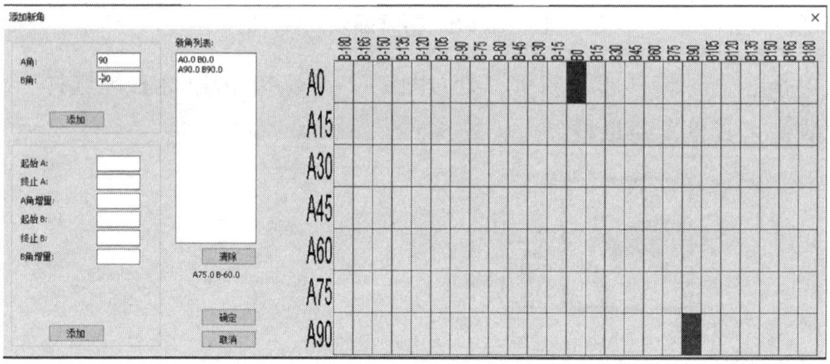


图 2-2-11 添加角度

（5）将校验用标准器（标准球）固定到机器上，如图2-2-12所示，保证标准球稳固、清洁，同时检查测头各连接部分是否稳定，红宝石球表面是否清洁，要求连接处稳定、球表面清洁。

图 2-2-12　标准球

（6）单击“测量”按钮，弹出“校验测头”对话框（图2-2-13）。

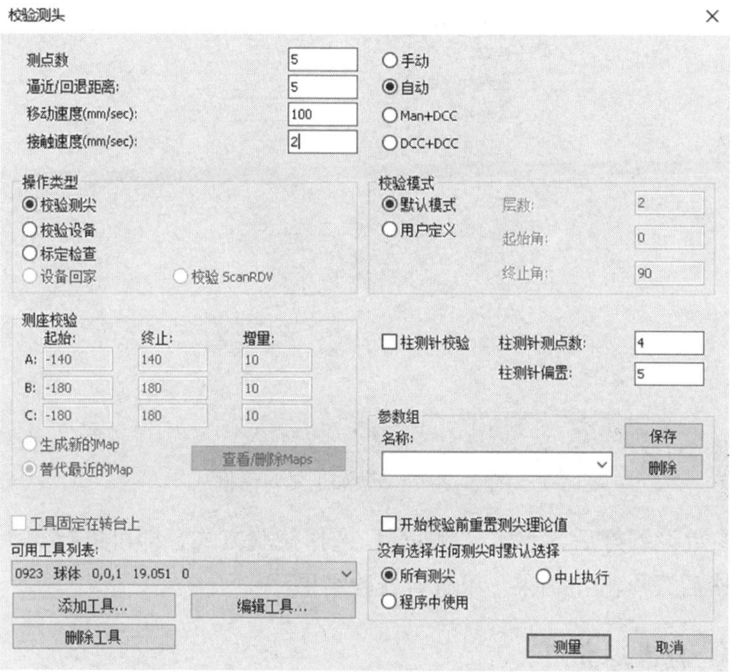


图 2-2-13　校验测头参数设置

（7）单击“添加工具”按钮，弹出“添加工具”对话框，进行标准球参数设置（图2-2-14）。如果已有定义好的标准球，可以在下拉框中直接选择。

校验测头参数设置的含义：

测点数：检验测头时每个角度测量标准球的采点数；

逼近/回退距离：规定探测系统开始减速时与零件间的距离；

移动速度：探测系统与零件间距离大于“逼近/回退距离”时的常规移动速度；

接触速度：探测系统与零件间距离小于“逼近/回退距离”时的触测移动速度；

校验方式：一般采用“自动”方式。

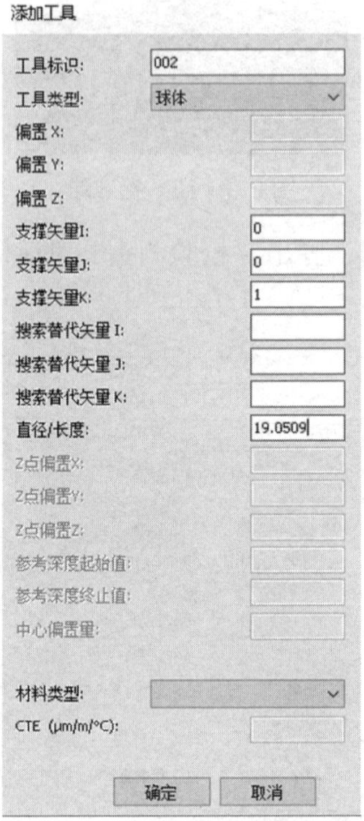


图 2-2-14　添加工具对话框

（8）参数设置好后，点击“测量”，选择校验方式，即可进行测头校验。测头校验完毕后，点击“结果”可查看校验结果。

### 5.4.4　标准球介绍

标准球一般随三坐标测量机配置，它是一种高精度标准器，在使用过程中要注意保护。测头校验的结果对测量精度影响很大，要保证测量精度，标准球需要定期校准。

# 任务六　粗建工件坐标系

## 6.1　任务描述

手动粗建工件坐标系。

## 6.2　实训目标

### 知识目标

（1）了解三坐标测量机的坐标系原理；

（2）了解3-2-1法手动建立工件坐标系的原理。

### 技能目标

能采用3-2-1法独立粗建工件坐标系，并查看坐标系建立是否正确。

### 素质目标

通过粗建工件坐标系操作训练，规范学生对精密量仪的操作意识，培养学生良好的职业素养。

## 6.3　实施记录

根据老师的操作演示，采用3-2-1法独立粗建工件坐标系，并简要记录操作步骤。

## 6.4 知识链接

### 6.4.1 三坐标测量机的坐标系原理

三坐标测量机是由三个互相垂直的运动轴*X*、*Y*、*Z*建立起的一个直角坐标系，测头的一切运动都在这个坐标系中进行，测头的运动轨迹由测球中心来表示。测量时，把被测工件放在工作台上，当测头与零件表面接触时，三坐标测量机的检测系统给出测球中心点在坐标系中的精确位置，即*X*、*Y*、*Z*三个坐标值。当测球沿着工件的几何型面移动时，就可以得出被测几何面上各点的坐标值。将这些数据送入计算机，经过软件处理，就可以精确地计算出被测工件的几何尺寸、形状和位置误差等。

### 6.4.2 3-2-1法手动建立工件坐标系

图2-2-15为被测工件图纸，以经典的3-2-1法粗建坐标系，具体操作步骤如下：

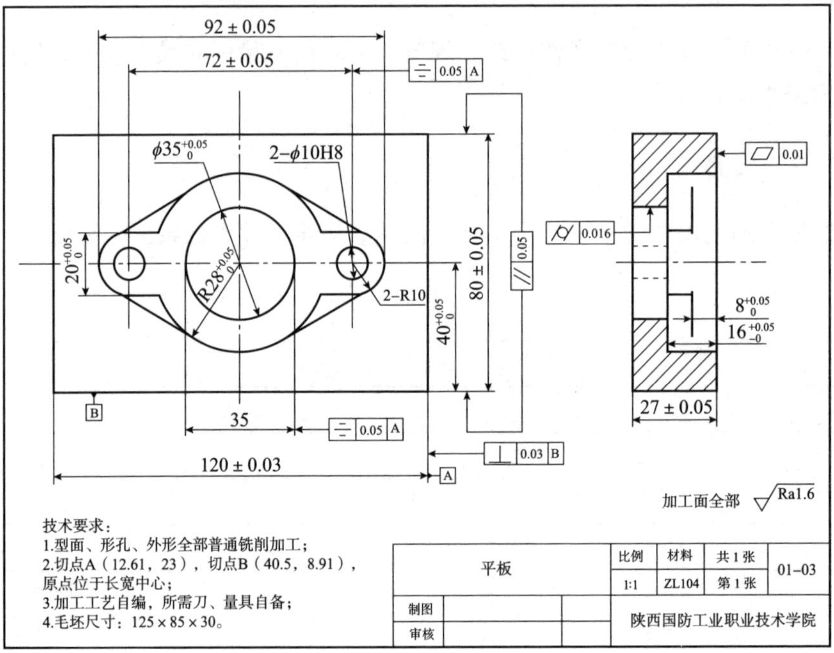


图 2-2-15 工件图纸

（1）3-2-1法粗建坐标系必须在手动模式下完成，按“Alt+X”组合键进行模式切换，如图2-2-16所示。

(a)手动模式按钮　　(b)自动模式按钮

图 2–2–16　模式切换

(2)手动测量平面，操作方法如下：

①把测针角度旋转至A0B0(图2–2–17)；

图 2–2–17　旋转角度

②单击“视图”—“其他窗口”—“状态窗口”，开启“状态窗口”显示功能；

③操作操纵盒使得测头在此平面上采集3个点，按“确认键”得到“平面1”(图2–2–18)。

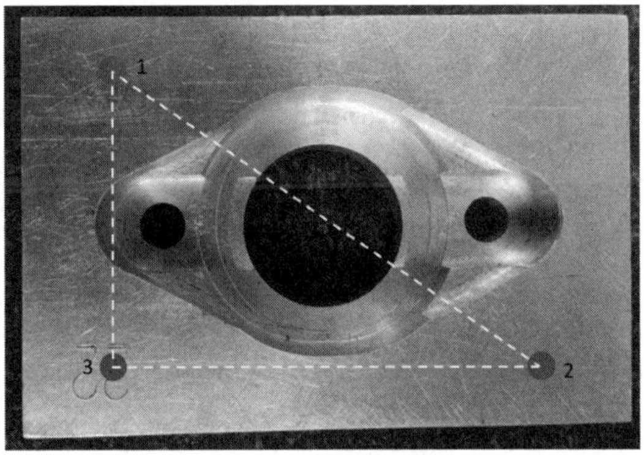


图 2–2–18　测点分布

注：由于开始粗建基准目的是对零件进行定位，所以不需要在基准面大量采点，建议测点数为3~4，测量取点应该分布在整个平面上，测点距离太近或者近似直线不能反映平面矢量。编辑窗口得到平面1基本信息，如图2–2–19所示。

```
平面1          =特征/平面, 直角坐标,三角形
               理论值/<-1.1468,3.4774,0>,<0,0,1>
               实际值/<-1.1468,3.4774,0>,<0,0,1>
               测定/平面,3
                 触测/基本,常规,<-8.5098,7.5729,0>,<0,0,1>,<-8.5098,7.5729,0>,使用理论值=是
                 触测/基本,常规,<-9.3074,-5.1707,0>,<0,0,1>,<-9.3074,-5.1707,0>,使用理论值=是
                 触测/基本,常规,<14.3768,8.0299,0>,<0,0,1>,<14.3768,8.0299,0>,使用理论值=是
               终止测量/
```

图 2–2–19　平面 1 基本信息

(3)插入新建坐标系找正平面，操作方法如下：

①单击菜单“插入”—“坐标系”—“新建”(或者使用Ctrl+Alt+A)，插入新建坐标系A1；

②点击“平面1”将找正方向选择“Z正”，点击“找正”，信息提示栏显示“Z正 找正道平面 标识=平面1”命令，再次点击“平面1”，勾选“Z”复选框，点击“原点”按钮，信息提示栏显示“Z正 平移到平面 标识=平面1”命令（图2-2-20）。

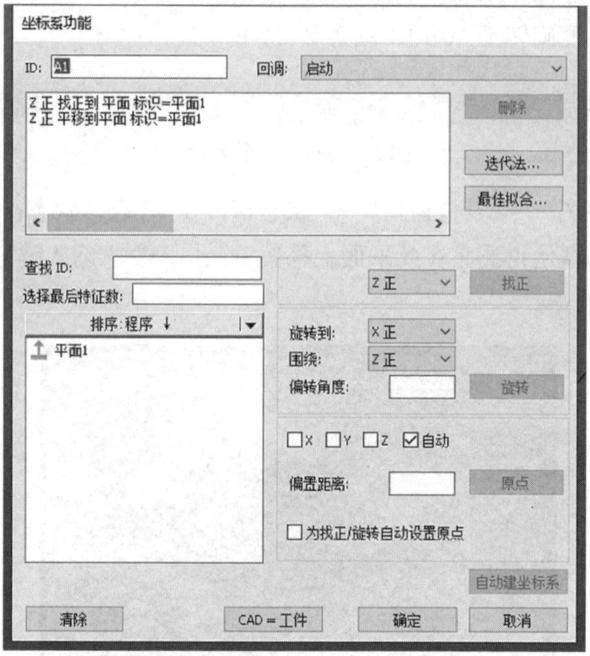


图 2-2-20 新建坐标系 A1

（4）手动测量次基准平面上的一条直线，测量顺序为直线的矢量方向，操作步骤如下：

①直线特征属于二维元素，测量前需要选择工作平面，本次测量把工作平面切换为“Z正”（图2-2-21）；

②通过操纵盒在平面上连续测量两个点，点击操纵盒上的“确认键”，得到“直线1”测量命令，箭头为直线矢量方向，如图2-2-22所示，直线1基本信息如图2-2-23所示。

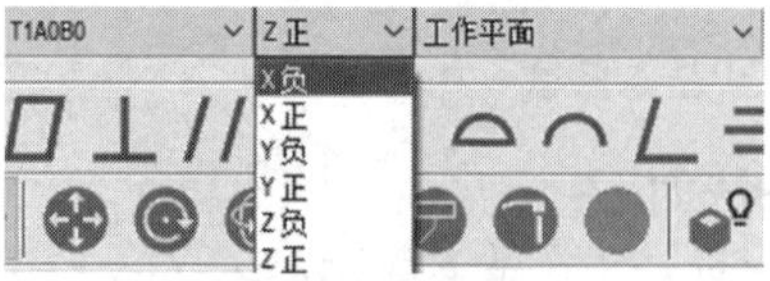


图 2-2-21 切换工作平面

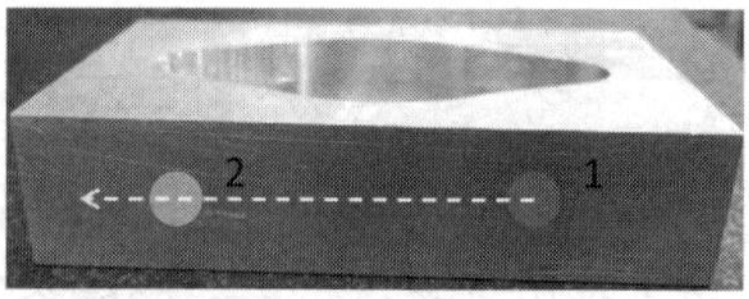


图 2-2-22 直线 1

```
直线1          =特征/直线，直角坐标，非定界
               理论值/<22.5,-6.3956,-18.8989>,<0,1,0>
               实际值/<22.5,-6.3956,-18.8989>,<0,1,0>
               测定/直线,2,Z 正
                 触测/基本,常规,<22.5,-6.3956,-16.847>,<1,0,0>,<22.5,-6.3956,-16.847>,使用理
                 触测/基本,常规,<22.5,5.8348,-20.9508>,<1,0,0>,<22.5,5.8348,-20.9508>,使用理
               终止测量/
```

图 2-2-23　直线 1 基本信息

（5）按照第三步的方法插入新建坐标系，操作步骤如下：

①插入新建坐标系 A2；

②点击“直线 1”，将“围绕”选择为“Z 正”（“Z 正”方向为 A1 坐标系确立的找正方向），“旋转到”选择“Y 正”（直线 1 的矢量方向），点击旋转，信息提示栏显示“Y 正 旋转到直线标识 = 直线 1 关于 Z 正”命令（图 2-2-24）；

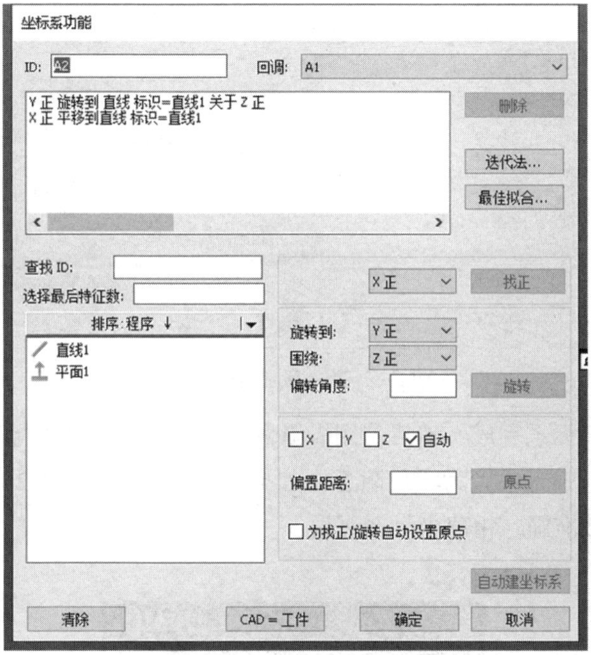


图 2-2-24　新建坐标系 A2

③再次点击“直线 1”，勾选“X”复选框，点击“原点”按钮，信息提示栏显示“X 正　平移到平面　标识 = 直线 1”命令（图 2-2-24）。

（6）手动测量第三基准平面上 1 点，点击操纵盒“确认键”完成“点 1”测量命令创建（图 2-2-25）。

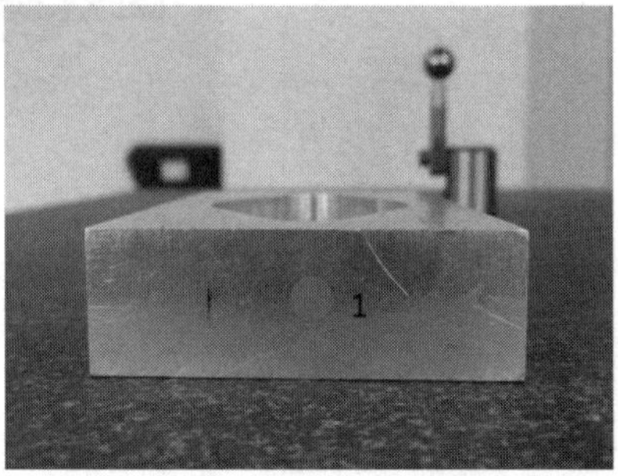


图 2-2-25　点 1

（7）插入新建坐标系且*Y*轴置于零。

插入坐标系A3，点击“点1”，勾选“Y”复选框，点击“原点”按钮，信息提示栏显示“Y正 平移到平面 标识=点1”命令（图2-2-26）。

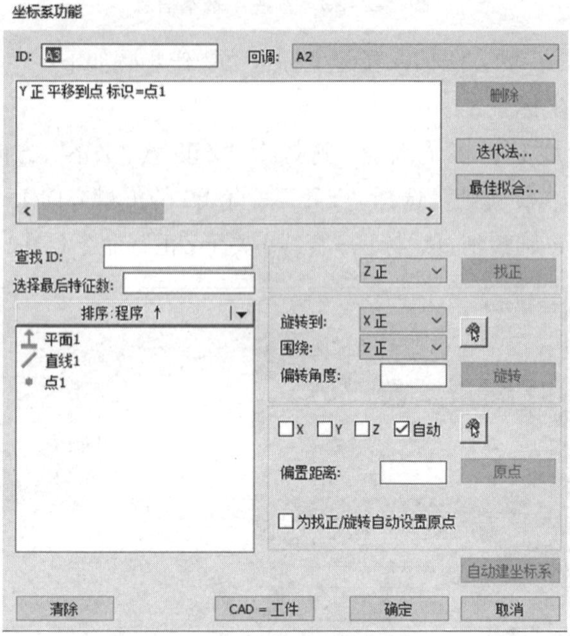


图 2-2-26　新建坐标系 A3

手动建立坐标系完成，然后利用操纵盒移动测针至建立坐标系原点附近，查看坐标读数是否归零或者为零位附近，如果零位显示正常（图2-2-27），则粗建坐标系原点位置准确，粗建坐标系无误。

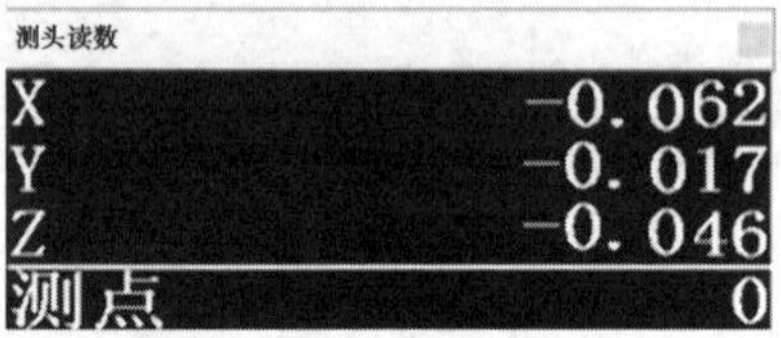


图 2-2-27　坐标显示窗口

# 任务七　特征测量与评价练习一（手动）

## 7.1　任务描述

（1）分析图纸（图2-2-28），完成图纸上要求的测量特征（序号标注），如表2-2-2所示；

（2）测量结束后，给出检测报告，检测报告输出项目包括名称、实测值、偏差值、超差值，检测人员打印报告并签字。

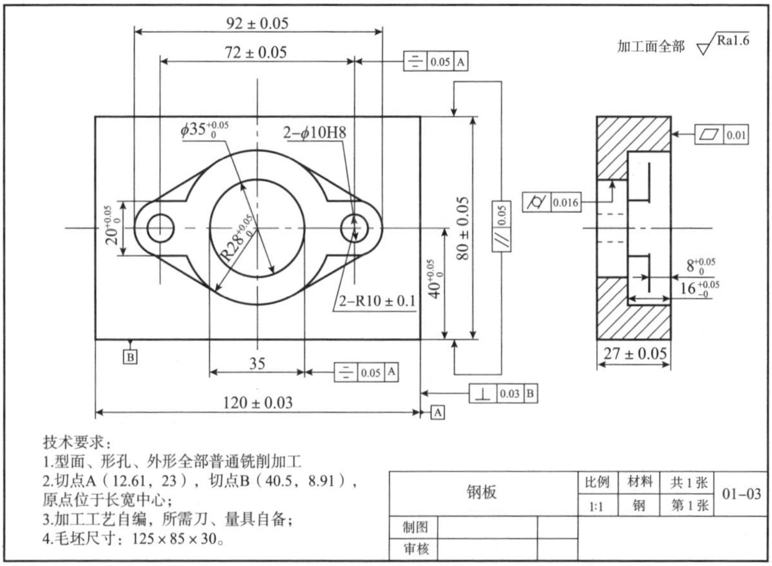


图 2-2-28　工件图纸

**表2-2-2　被测几何量特征**

| 序号 | 特征 | 描述 | 理论值/mm | 公差/mm |
|---|---|---|---|---|
| 1 | 平面1 | 平面度 | 0 | 0.01 |
| 2 | 圆1、圆2 | 距离 | 72 | 0.1 |
| 3 | 圆1 | 直径 | 10 | 0.2 |
| 4 | 圆柱1 | 圆柱度 | 0 | 0.016 |

## 7.2 实训目标

**知识目标**

(1)理解被测几何量特征及评价项目的含义;

(2)掌握三坐标测量机工件特征测量与评价的方法。

**技能目标**

能使用三坐标测量机手段完成工件几何量特征测量与评价,并输出检测报告。

**素质目标**

通过工件几何量特征手段测量与评价,训练学生对精密量仪的规范操作,培养学生精益求精的工匠精神。

## 7.3 实施记录

(1)根据测量任务,完成特征测量,并简述平面、圆、圆柱的测量步骤。

________________________________________
________________________________________
________________________________________
________________________________________
________________________________________
________________________________________
________________________________________
________________________________________

(2)根据测量任务,完成特征评价,并简述直径、距离、平面度、圆柱度等项目的评价方法。

________________________________________
________________________________________
________________________________________
________________________________________
________________________________________
________________________________________
________________________________________
________________________________________

## 7.4　知识链接

### 7.4.1　特征测量——平面

（1）切换测针为“测尖/A0B0”（图2-2-29），操作时注意测针位置，避免在测针旋转的过程中碰到零件或者与测量平面发生干涉。

图 2-2-29　切换测针角度

（2）手动操纵测头触测平面［1］。用操纵盒将测针靠近被测平面［1］，按亮“慢速按钮”，触测图2-2-30所示的4个测点，触测完毕后按操纵盒“确认”键，完成命令创建。

（3）测量平面特征时，若平面面积较小，可能拾取的特征为直线，这时应该采用代替推测或更改特征操作。即将光标移至编辑窗口中该特征命令位置，单击【编辑】—【替代推测】—【平面】（图2-2-31）。

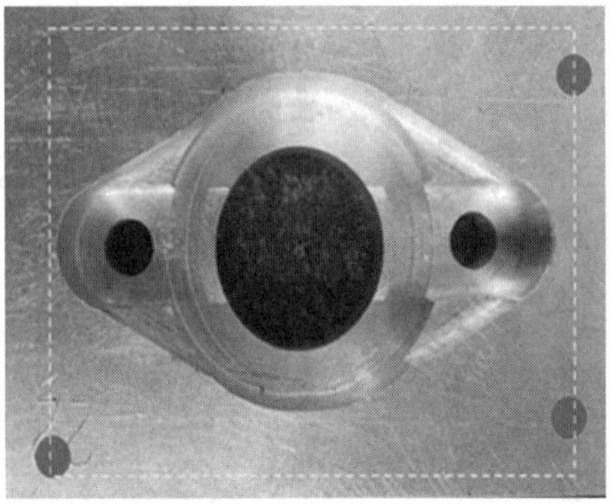

图 2-2-30　平面［1］测点分布

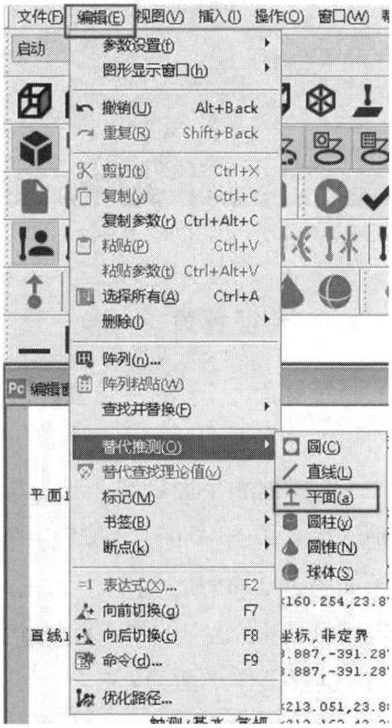


图 2-2-31　替代推测

### 7.4.2 特征测量——圆

（1）切换测针为“测尖/A0B0”。

（2）将工作平面设置为“Z正”。

（3）在孔内同一高度（截面）测量4点（图2-2-32），完成测量后按操纵盒“确认”键，完成命令创建。

### 7.4.3 特征测量——圆柱

（1）切换测针为“测尖/A0B0”。

（2）在圆柱内选择两个圆截面，每个截面测量4点（图2-2-33），每个圆截面测量方法和测量圆特征一致，完成测量后按操纵盒“确认”键，完成命令创建。

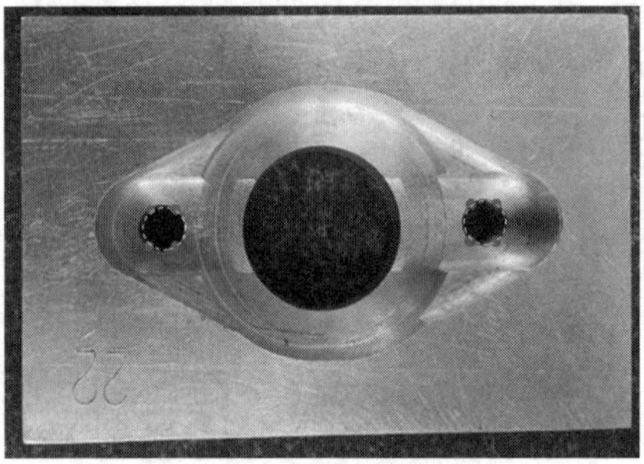

图2-2-32 圆测点分布

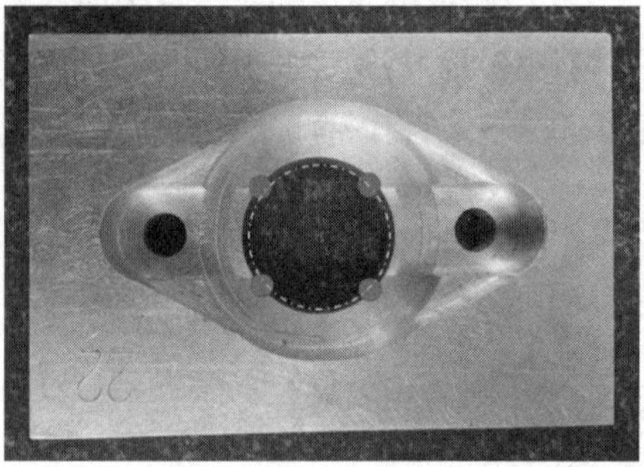

图2-2-33 圆测点分布

### 7.4.4 特征评价

1.特征平面［1］的平面度评价

（1）通过菜单【插入】—【尺寸】—【平面度】，插入平面度评价命令。

（2）选择被测平面特征［1］，输入图纸上所标注的平面度公差值，通过预览界面确认后，单击“创建”按钮，完成平面度评价命令创建，如图2-2-34所示，命令条如图2-2-35所示。

2.特征圆1、圆2的中心距评价

（1）选择工作平面为Z正。

（2）通过菜单【插入】—【尺寸】—【距离】，插入距离评价命令。

（3）在左侧特征栏选择被评价元素，按照图2-2-36所示设置选择，并填入图样标注公差。

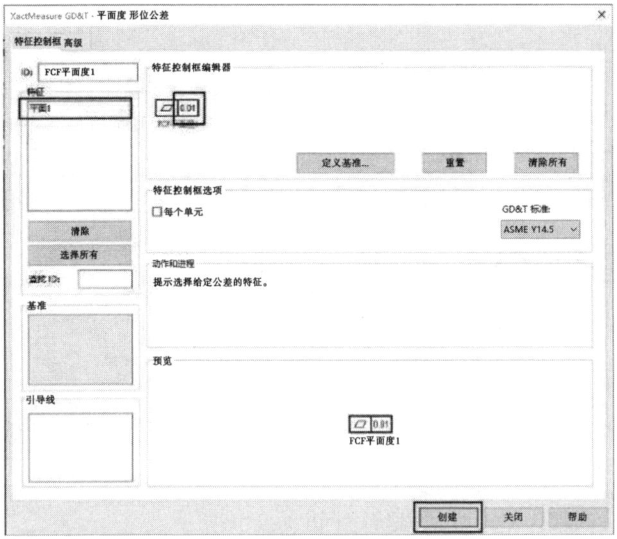


图 2-2-34　平面度评价对话框

```
FCF平面度1 =平面度 : 平面1
特征圆框架显示参数=是,显示延伸=是
          CAD图=关,报告图=关,文本=关,倍率=10.00,箭头密度=100,输出=两者,单位=毫米
          每单位=否,
          标准类型=ASME_Y14_5
            尺寸/平面度,0.01
            注解/FCF平面度1
          特征/平面1,
```

图 2-2-35　平面度命令条

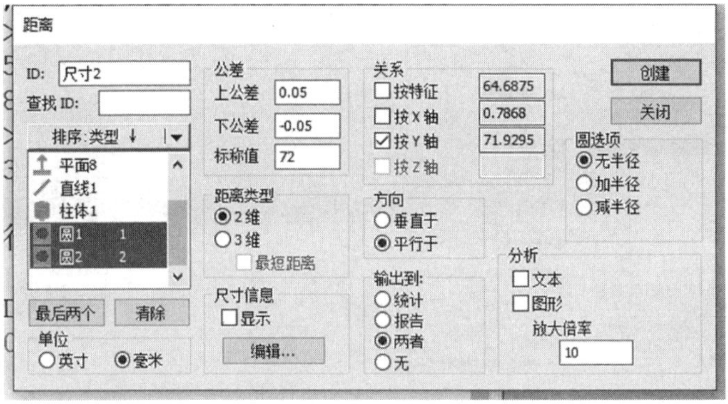


图 2-2-36　距离评价对话框

（4）点击“创建”按钮完成距离评价命令创建。

3.特征圆 1 的直径评价

（1）点击“位置” 按钮，插入位置评价。

（2）在左侧特征栏选择被评价元素，在“坐标轴”栏目中勾选“直径”（图 2-2-37），并输入公差值。

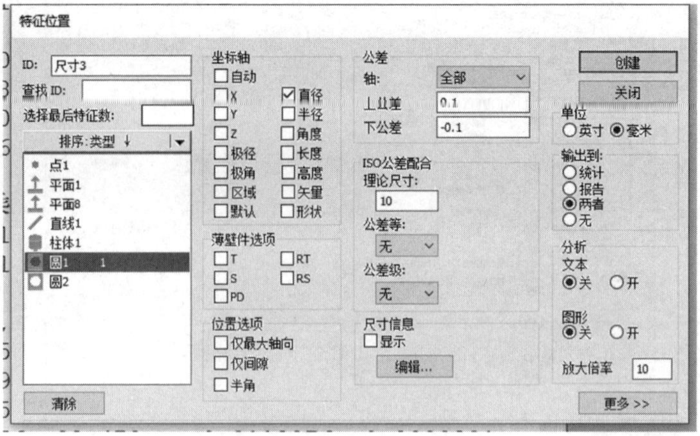


图 2-2-37　直径评价对话框

（3）点击“创建”按钮完成直径评价命令创建。

4. 特征圆柱1的圆柱度评价

（1）点击位置命令，选择圆柱度按钮（图2-2-38）。

图 2-2-38　圆柱度命令

（2）选择被测圆柱特征［1］，输入图纸上所标注的圆柱度公差值，通过预览界面确认后，单击“创建”按钮完成圆柱度评价命令创建（图2-2-39）。

图 2-2-39　圆柱度评价对话框

### 7.4.5　报告输出

（1）单击“文件”—“打印”—“报告窗口打印设置”（图2-2-40），弹出报告“输出配置”对话框。

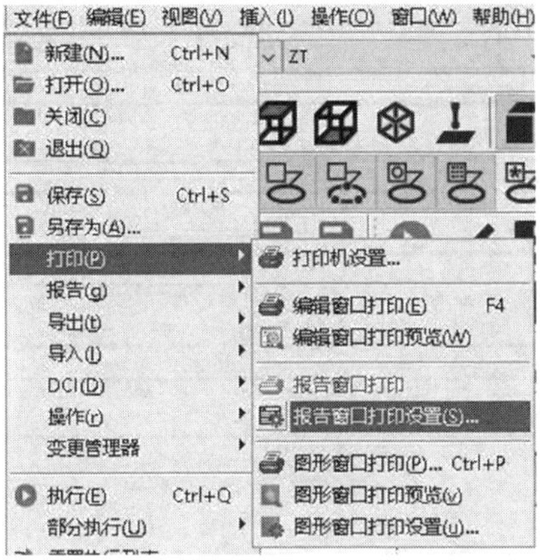


图 2-2-40　报告输出设置菜单路径

（2）在“输出配置”对话框中选择“报告”选项卡（默认）。

（3）勾选“报告输出”复选框。

（4）方式选择“自动”，输出格式选择“可移植文档格式（PDF）”（图2-2-41），点击“确定”按钮，即可输出检测报告。

图 2-2-41　报告输出设置对话框

（5）查看报告。点击“视图”—“报告窗口”，即可打开报告窗口。

（6）保存报告。点击“打印报告”按钮（图2-2-42），将报告保存至指定路径下。

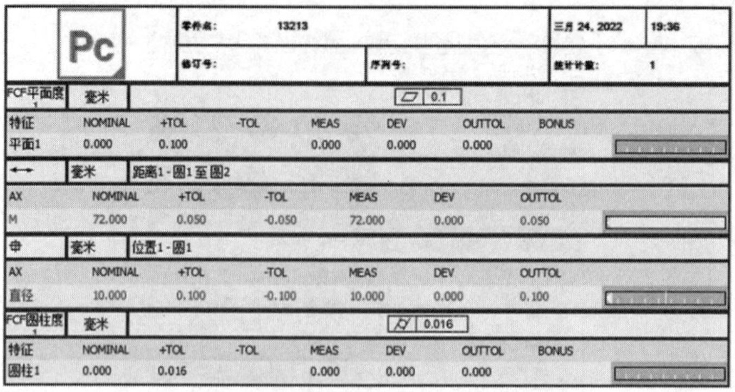


图 2-2-42　保存报告

# 任务八　特征测量与评价练习二（自动）

## 8.1　任务描述

（1）分析图纸（图2-2-43），完成图纸上要求特征的自动测量程序编写，测量特征如表2-2-3所示；

（2）测量结束后，给出检测报告，检测报告输出项目包括名称、实测值、偏差值、超差值，检测人员打印报告并签字。

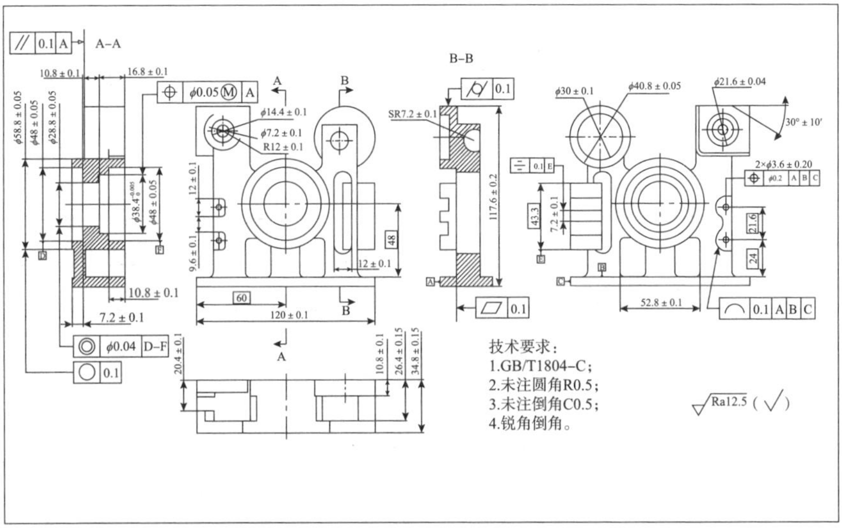


图 2-2-43　工件图纸

**表2-2-3　被测几何量特征**

| 序号 | 特征 | 描述 | 理论值/mm | 公差/mm |
|---|---|---|---|---|
| 1 | 圆柱1 | 直径 | 48 | 0.1 |
| 2 | 平面1 | 平面度 | 0 | 0.1 |
| 3 | 对称度 | 对称度 | 0 | 0.1 |

## 8.2　实训目标

### 知识目标

（1）理解被测几何量特征及评价项目的含义；

（2）掌握三坐标测量机工件特征自动测量与评价的方法。

**技能目标**

（1）能使用三坐标测量机完成工件特征自动测量与评价程序编写，且程序运行准确无误；

（2）能在测量任务结束后，正确输出检测报告。

**素质目标**

通过工件几何量特征自动测量与评价的程序编写、运行，提升学生运用精密量仪规范操作的技能水平，培养学生一丝不苟的工匠精神。

## 8.3 实施记录

（1）根据测量任务，采用自动模式在实训室三坐标测量机上完成特征测量，并简述至少三种特征的自动测量步骤及注意事项。

（2）根据测量任务，完成特征评价，并简述至少三种项目的评价方法。

## 8.4　知识链接

### 8.4.1　零件装夹

为了保证一次装夹能够完成所有目标尺寸的检测，采用零件侧向装夹的方式检测，零件尺寸远小于三坐标测量机行程，装夹时应使零件适当居中，而且保留一定高度，避免测座旋转后达到“Z-”方向的行程极限。

### 8.4.2　新建测量程序

打开软件PC-DMIS，单击“文件”—“新建”弹出“新建测量程序”对话框，输入“零件名”（图2-2-44），单击“确定”按钮进入程序编辑界面。

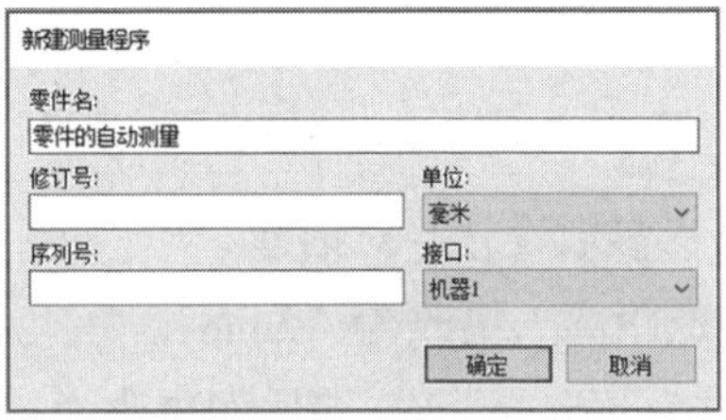


图 2-2-44　新建测量程序

### 8.4.3　程序参数设定

（1）按<F5>键进入“设置选项”对话框。

①勾选“显示绝对速度”复选框，将“最高速度”设置为200mm/s（图2-2-45）。

图 2-2-45　设置选项对话框

②“输出选项”勾选“负公差”显示负号。

③“小数位数”选择“4”，表示数据保留小数点后4位，如0.0001mm（图2-2-46）。

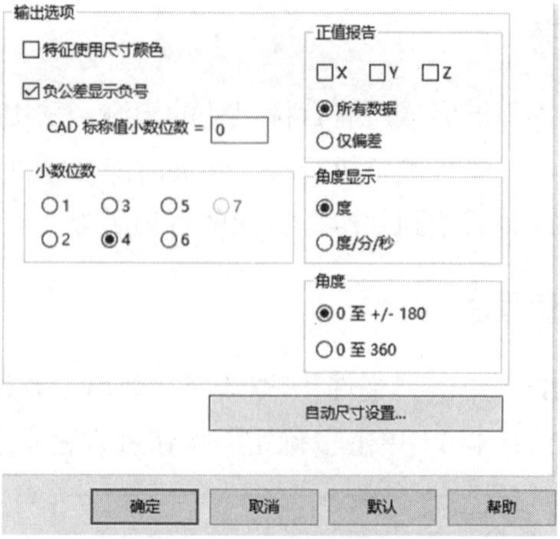

图 2-2-46　输出参数设置对话框

（2）按<F10>键进入“参数设置”对话框。

①“逼近距离”“回退距离”更改为“2mm”。

②“探测距离”更改为“5mm”，探测比例更改为“1”。

③“移动速度”更改为100mm/s。

④“尺寸”依次勾选“标称值”“公差”“测定值”“偏差”和“超差”。

设置完毕后，程序编辑窗口显示所有改动的项目（图2-2-47）。

```
启动         =坐标系/开始,回调:使用_零件_设置,列表=是
            坐标系/终止
            模式/手动
            探测比例/5,1
            移动速度/ 100
            逼近距离/2
            回退距离/2
            飞行/开
            格式/文本,选项,ID,标题,符号, ;标称值,公差,测定值,偏差,超差, ,
            加载测头/HEXAGON
            测尖/T1A0B0, 支撑方向 IJK=0, 0, 1, 角度=0
```

图 2-2-47　程序编辑窗口参数信息

### 8.4.4　校验测头

调用任务6的测头文件，再次校验A0B0、A90B90、A90B-90、A90B180、A90B-180五个测针（图2-2-48），校验方法参考任务5（三坐标测头校验）。

### 8.4.5　导入三维数模

（1）依次单击“文件”—“导入”—“IGES”（图2-2-49）。

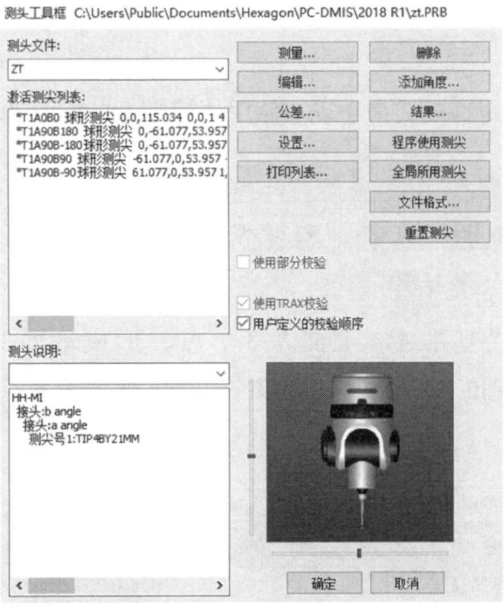


图 2-2-48　测头文件

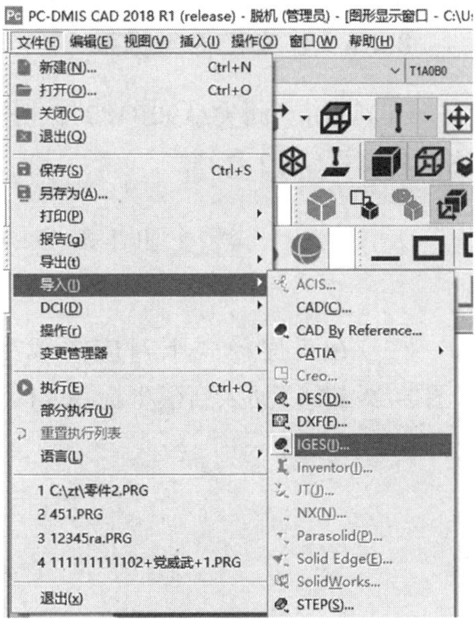


图 2-2-49　导入模型

（2）选择指定路径下的数模文件“单件——立板”，单击“导入”按钮（图 2-2-50）。

（3）将数模调整至合适角度（图 2-2-51），进入接下来的建立坐标系环节。

图 2-2-50　选择需要导入的模型文件

图 2-2-51　模型显示

### 8.4.6 建立工件坐标系

（1）调用“测尖/A90B180”，切换测量模式为手动（使用快捷键Alt+X），点击程序模式（图2-2-52）。

图2-2-52 程序模式

（2）在程序模式下对应图纸在“基准A”上测量3个点，形成平面1（图2-2-53）。插入新建坐标系A1，找正“Z正”，使用该平面将Z轴置于零点（图2-2-54）。

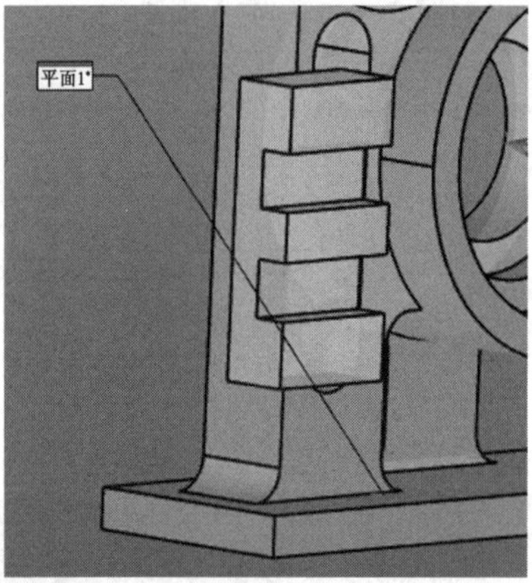


图2-2-53 平面1

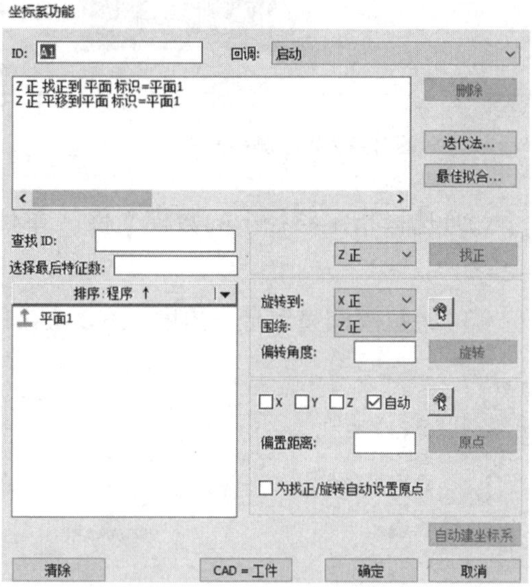


图2-2-54 插入坐标系A1

（3）在第二基准平面B内测量一条直线，测点位置如图2-2-55所示。插入新建坐标系A2，“基准B”围绕Z正，旋转到Y正，并使用该基准将X轴置于零（图2-2-56）。

（4）在基准平面C中间位置测量1个点，得到点1（图2-2-57）。插入坐标系A3，使用该点将Y轴置于零（图2-2-58）。

（5）将光标放置程序开始，按快捷键Ctrl+U键，在工件上按照数模上提示采取点的位置，可参考上节内容步骤，完成坐标系建立。

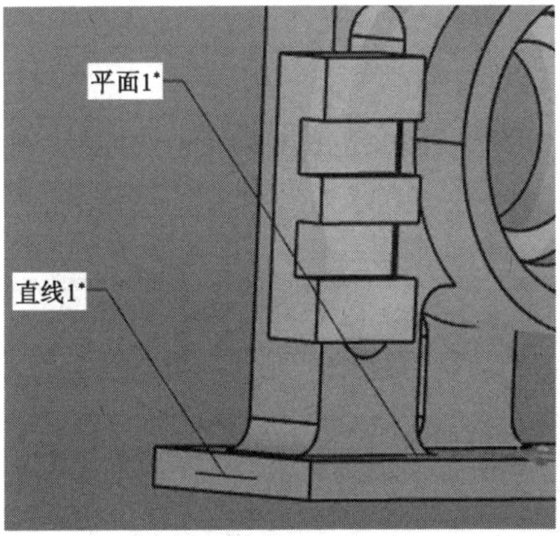


图 2-2-55　直线 1

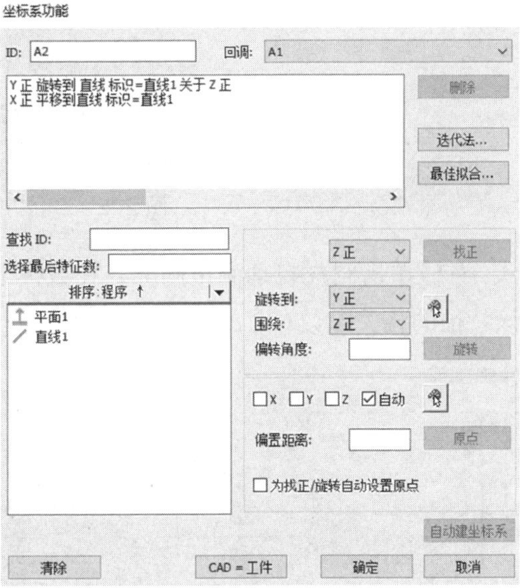


图 2-2-56　新建坐标系 A2

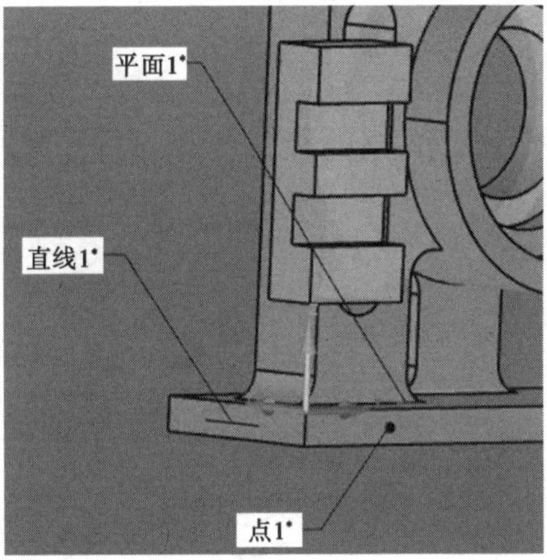


图 2-2-57　点 1

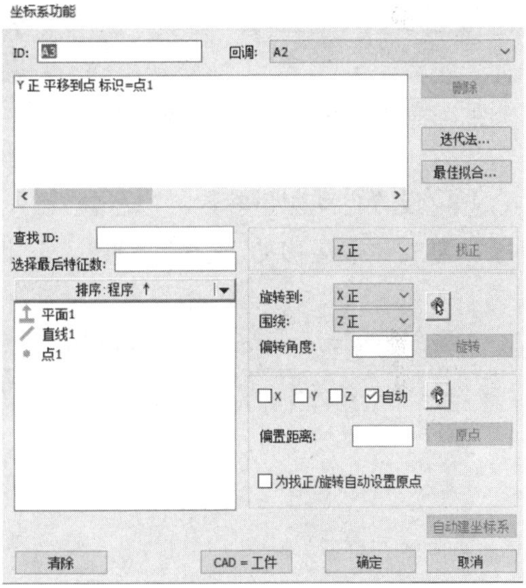


图 2-2-58　新建坐标系 A3

## 8.4.7　自动测量特征

1. 自动测量圆柱特征

（1）切换测量模式为自动（使用快捷键Alt+Z），如图2-2-59所示。

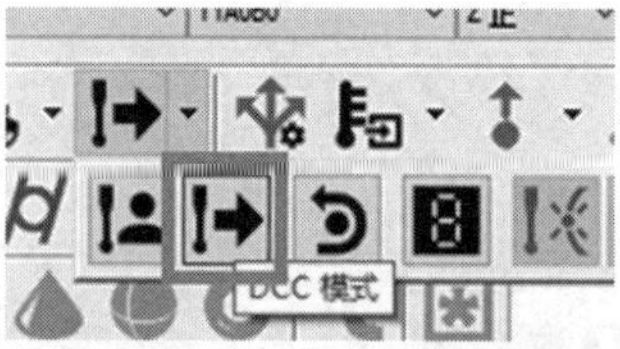


图 2-2-59　切换自动模式

（2）单击圆柱自动测量图标，在数模上选取所要测量的圆柱特征，可以看到该特征的相关参数（图2-2-60）及测量路径（图2-2-61）。

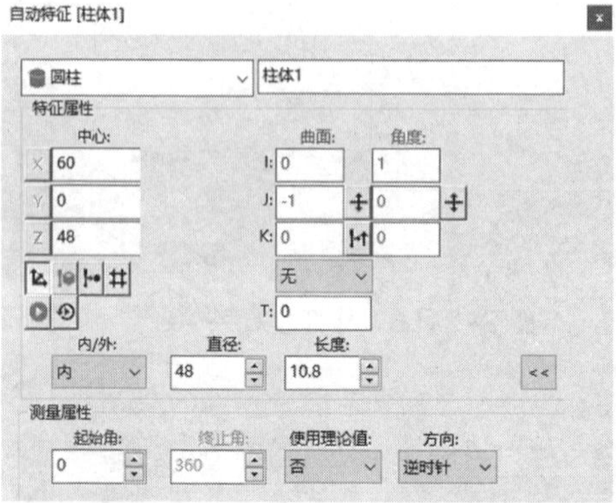


图 2-2-60　自动圆柱参数设置对话框

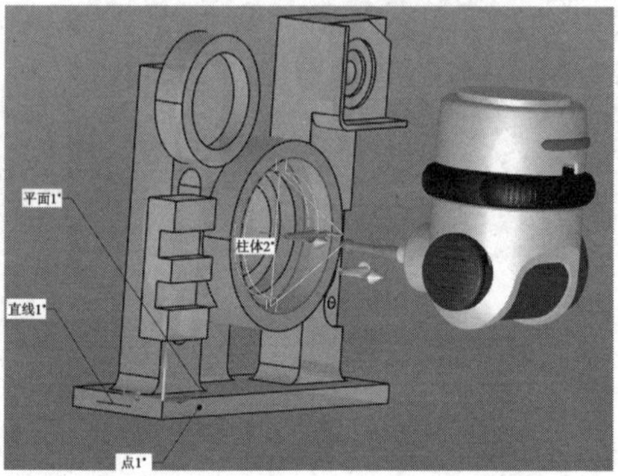


图 2-2-61　测头运动轨迹示意图

（3）设置自动测量参数，“每层测点”为4，“深度”为2，“结束深度”为5，“层”为3，“避让移动”选择“两者”，“距离”为20（图2-2-62）。

图 2-2-62　参数设置对话框

（4）单击“创建”按钮，在编辑窗口中创建测量圆柱程序，圆柱特征及测量路径如图2-2-63所示。

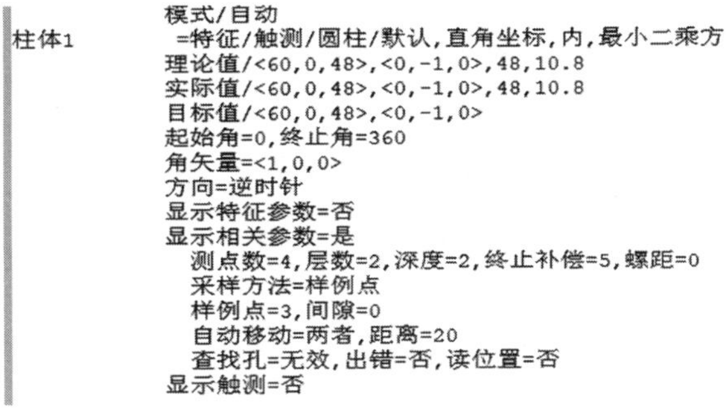

```
柱体1      模式/自动
            =特征/触测/圆柱/默认,直角坐标,内,最小二乘方
           理论值/<60,0,48>,<0,-1,0>,48,10.8
           实际值/<60,0,48>,<0,-1,0>,48,10.8
           目标值/<60,0,48>,<0,-1,0>
           起始角=0,终止角=360
           角矢量=<1,0,0>
           方向=逆时针
           显示特征参数=否
           显示相关参数=是
             测点数=4,层数=2,深度=2,终止补偿=5,螺距=0
             采样方法=样例点
             样例点=3,间隙=0
             自动移动=两者,距离=20
             查找孔=无效,出错=否,读位置=否
           显示触测=否
```

图 2-2-63　编辑窗口命令条

2.自动测量平面特征

（1）单击自动测量平面图标，在数模上选取所要测量的平面特征，可以看到该特征的相关参数（图2-2-64）和运动轨迹（图2-2-65）。

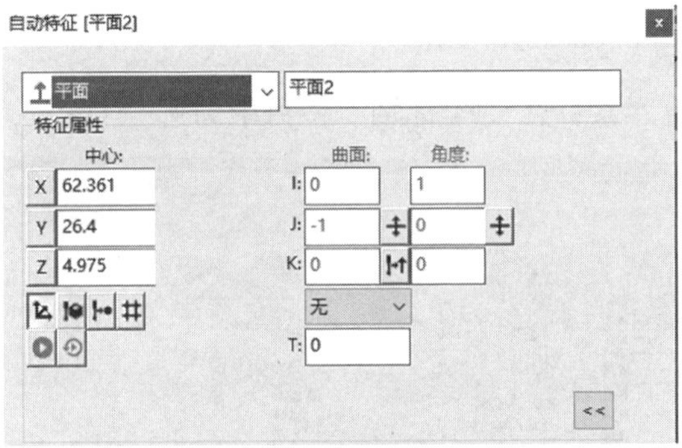


图 2-2-64　自动平面参数设置图对话框

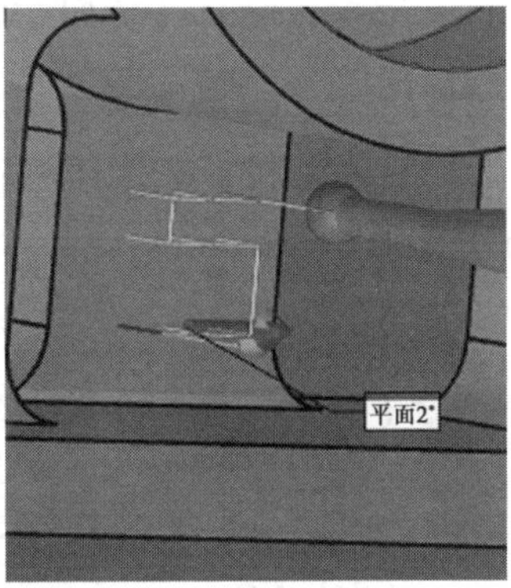


图 2-2-65　运动轨迹示意图

（2）设置自动测量参数，“每行测点”为3，“行数”为3，“结束深度”为2，“避让移动”选择“两者”，“距离”为20，“使用边界偏移”为5，参数设置如图2-2-66所示。

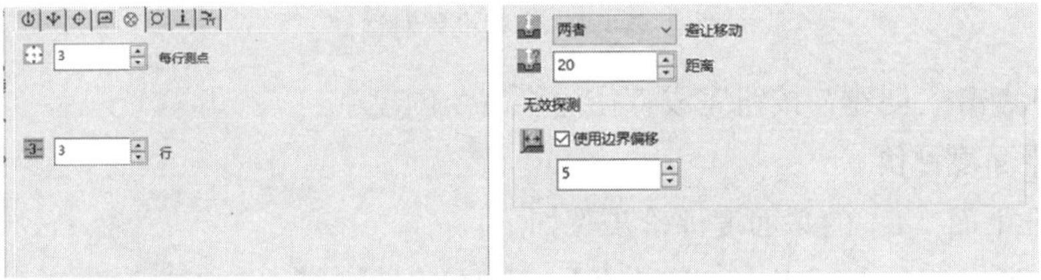


图 2-2-66　参数设置对话框

（3）单击“创建”按钮，在编辑窗口中创建测量平面程序、平面特征及测量路径（图2-2-67）。

```
显示触测=否
平面2        =特征/触测/平面/默认,直角坐标,无,最小二乘方
             理论值/<62.361,26.4,4.975>,<0,-1,0>
             实际值/<62.361,26.4,4.975>,<0,-1,0>
             目标值/<62.361,26.4,4.975>,<0,-1,0>
             角矢量=<1,0,0>,矩形
             显示特征参数=否
             显示相关参数=是
               测点数=3,行数=3
               间隙=0
               自动移动=两者,距离=20
               使用边界偏移=是,偏置=5
             显示触测=否
```

图 2-2-67　编辑窗口命令条

### 8.4.8　特征评价

1.直径评价

（1）点击“位置”按钮，插入位置评价（图2-2-68）。

图 2-2-68　选择位置

（2）在左侧特征栏选择被评价元素，在“坐标轴”栏目中勾选“直径”，并输入公差值（图2-2-69）。

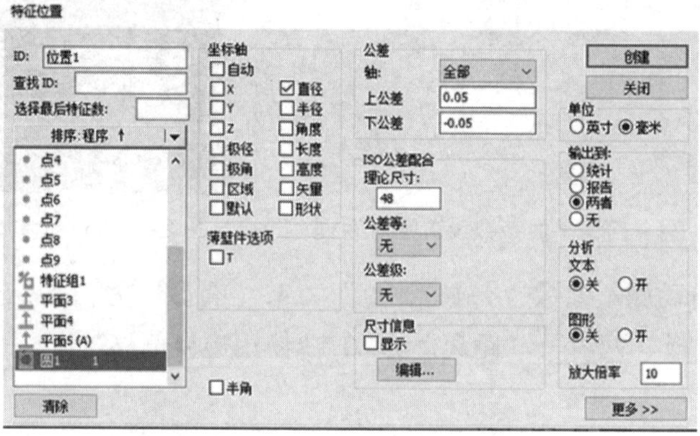


图 2-2-69　位置设置对话窗

（3）点击“创建”按钮完成直径评价命令创建。

2.平面度评价

特征平面［1］的平面度评价步骤如下：

（1）通过菜单【插入】—【尺寸】—【平面度】，插入平面度评价命令；

（2）选择被测平面特征［1］，输入图纸上所标注的平面度公差值，通过预览界面确认后，单击“创建”按钮，完成平面度评价命令创建（图2-2-70）。

图 2-2-70　平面度评价对话框

3.对称度评价

自动测量对称平面1和平面2，构造特征组，步骤如下：

（1）更换测针为“测尖/A90B180”（图2-2-71）；

图 2-2-71　测尖角度

（2）测点分布如图2-2-72所示，根据对称度定义要求，需要在这两个平面的对称位置测量多组点，最后将这些测点按照对应关系构造为特征组，点2和点6位置对应，点3与点7位置对应（对应点的坐标值也需要有对应关系），依此类推；

（3）单击“插入”—“特征”—“构造”—“特征组”，按照点的对应关系顺序依次选择，构造用于评价对称度的特征组（图2-2-73）；

（4）测量对称度基准，根据图样标注，基准为两对称平面的中分面，步骤如下：

测量两个对称平面，“插入”—“特征”—“构造”—“平面”，选择“中分面”功能，选中用于构造中分面的两个平面，单击“创建”按钮完成中分面命令创建，形成平面5（图2-2-74）；

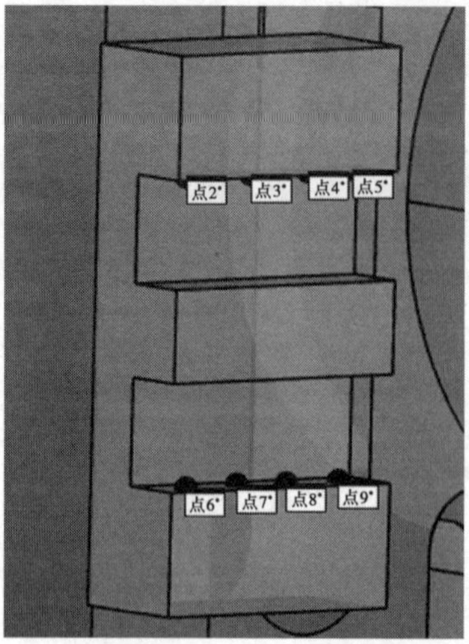


图 2-2-72　测点分布

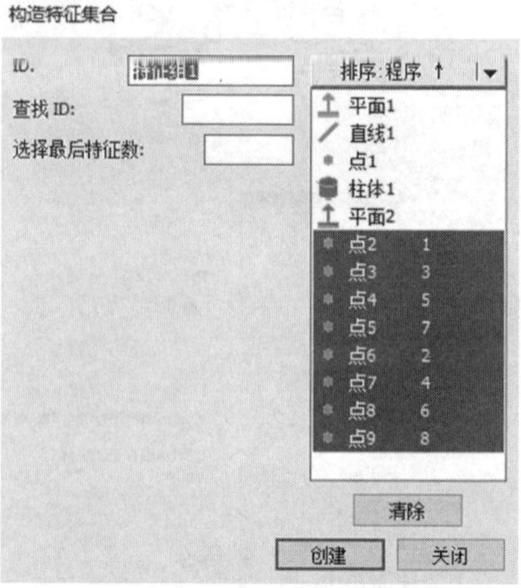


图 2-2-73　构造特征组

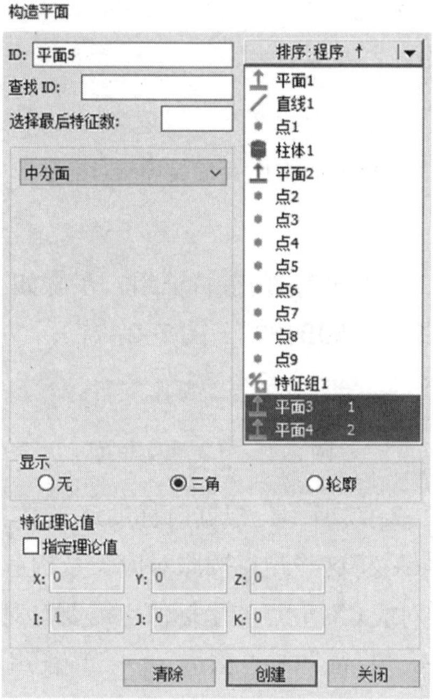


图 2-2-74　构造中分面（平面 5）

（5）选择尺寸菜单里面的对称度命令（图2-2-75）；

图 2-2-75　对称度命令

（6）在对称度形位公差菜单中选择定义基准命令，定义平面5为基准A，点击创建（图2-2-76）；

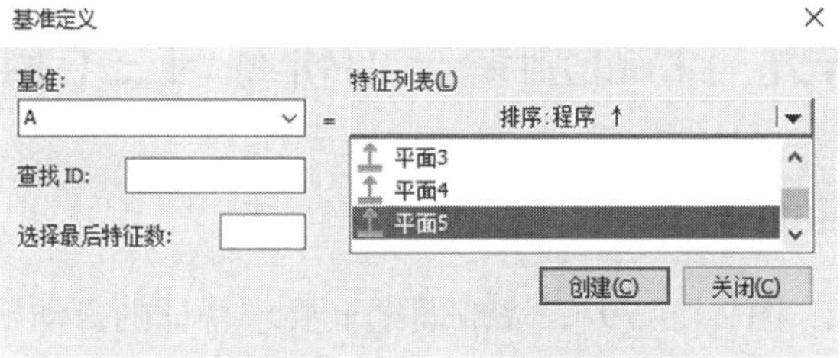


图 2-2-76　定义基准

（7）在公差框格输入公差值，选择基准A，预览正确后点击创建，在编辑窗口可以看到相应评价对称度程序（图2-2-77）。

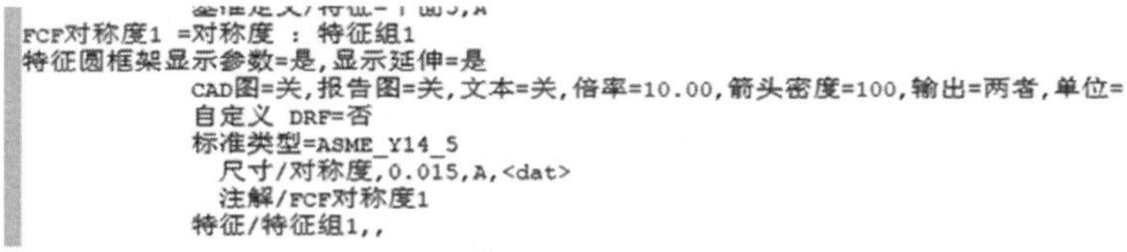
```
FCF对称度1 =对称度 : 特征组1
特征圆框架显示参数=是,显示延伸=是
          CAD图=关,报告图=关,文本=关,倍率=10.00,箭头密度=100,输出=两者,单位=
          自定义 DRF=否
          标准类型=ASME_Y14_5
            尺寸/对称度,0.015,A,<dat>
            注解/FCF对称度1
          特征/特征组1,,
```

图 2-2-77　对称度评价程序命令条

## 8.4.9　查看报告

点击“视图”—“报告窗口”，即可打开报告窗口。

保存报告。点击“打印报告”按钮（图2-2-78），将报告保存至指定路径下。

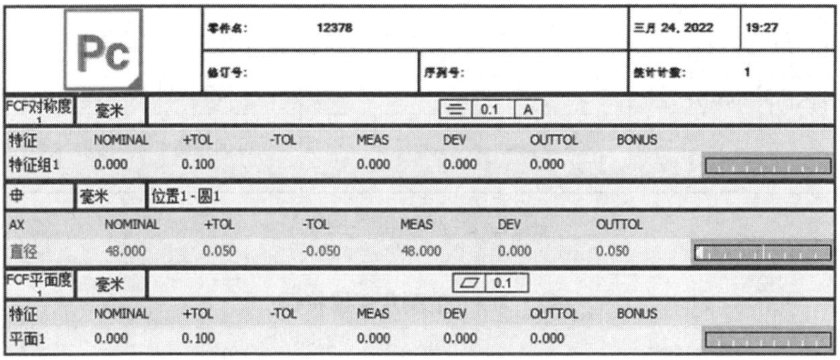


图 2-2-78　报告窗口

# 任务九　特征测量与评价练习三（自动）

## 9.1　任务描述

（1）分析图纸（图2-2-79），完成图纸上要求特征的自动测量程序编写，测量特征如表2-2-4所示；

（2）测量结束后，给出检测报告，检测报告输出项目包括名称、实测值、偏差值、超差值，检测人员打印报告并签字。

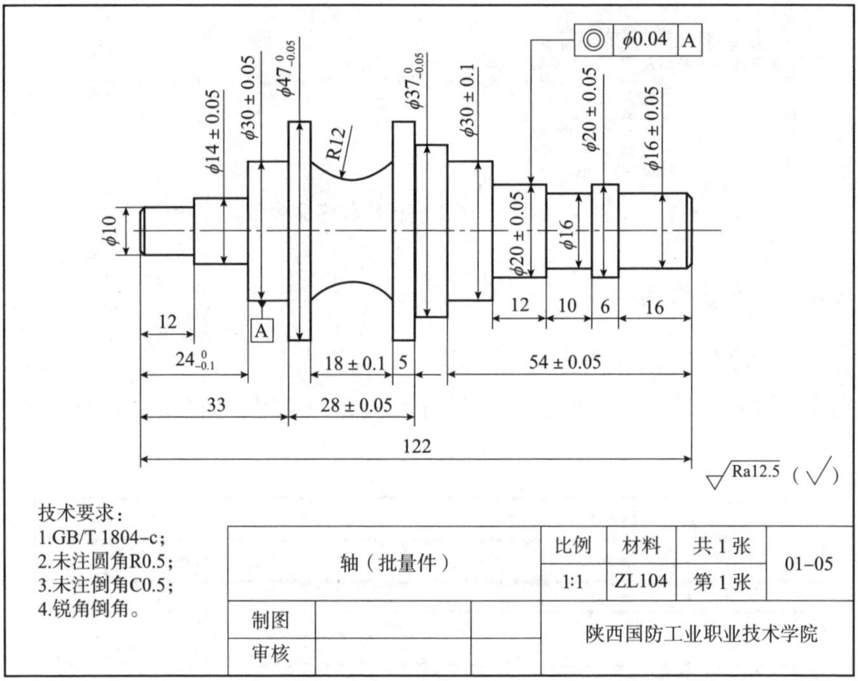


图2-2-79　工件图纸

**表2-2-4　被测几何量特征**

| 序号 | 特征 | 描述 | 理论值/mm | 公差/mm |
|---|---|---|---|---|
| 1 | 平面2、平面3 | 距离 | 24 | 0.02 |
| 2 | 圆1 | 直径 | 47 | 0.05 |
| 3 | 圆柱3 | 圆柱度 | 0 | 0.015 |

## 9.2 实训目标

### 知识目标

（1）理解被测几何量特征及评价项目的含义；

（2）掌握三坐标测量机工件特征自动测量与评价的方法。

### 技能目标

（1）能使用三坐标测量机完成工件特征自动测量与评价程序编写，且程序运行准确无误；

（2）能在测量任务结束后，正确输出检测报告。

### 素质目标

通过工件几何量特征自动测量与评价的程序编写、运行，提升学生运用精密量仪规范操作的技能水平，培养学生一丝不苟的工匠精神。

## 9.3 实施记录

（1）根据测量任务，采用自动模式在实训室三坐标测量机上完成特征测量，并简述至少三种特征的自动测量步骤及注意事项。

（2）根据测量任务，完成特征评价，并简述至少三种项目的评价方法。

## 9.4 知识链接

### 9.4.1 建立坐标系

1.粗建坐标系

（1）打开软件，新建测量程序，文件下拉菜单，点击导入模型。

（2）选择被测零件的三维模型，点击确定（图2-2-80）。

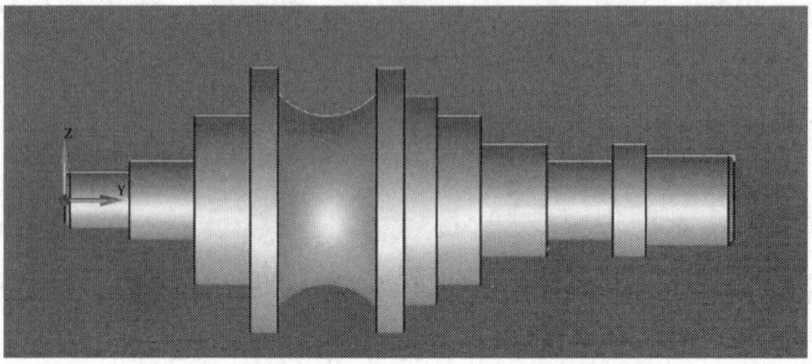


图 2-2-80 轴零件模型

（3）选择手动模式。

（4）选择需要的测尖角度，轴零件需要的测针角度为A0B0，调用测针文件，选择T1A0B0（图2-2-81）。

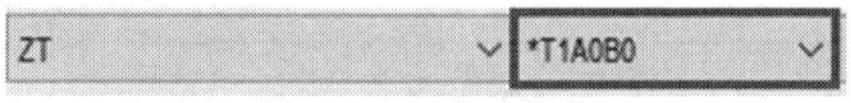


图 2-2-81 调用测针

（5）轴零件为回转体，需要建立单轴坐标系，选择程序模式，在轴端的圆柱面上测量6个点（两层），点击确定形成柱体1（图2-2-82）。

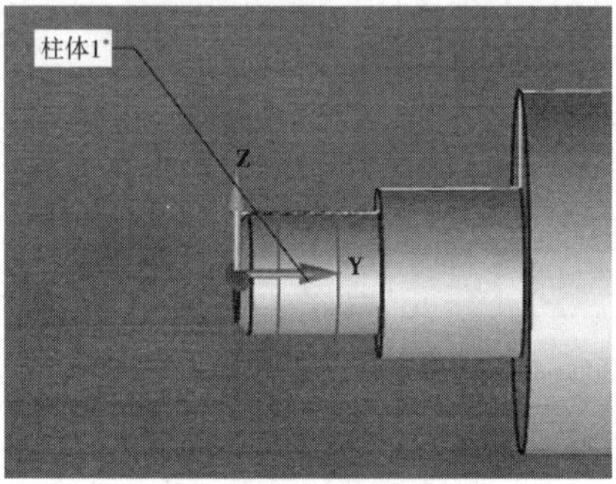


图 2-2-82 测量柱体 1

（6）选择“插入”—“坐标系”—“点击新建”（快捷键Ctrl+Shift+A），点击“柱体1”—“Y负-找正”—“点击X、Z-原点”，在坐标系功能表里出现

“Y负 找正到柱体 标识=柱体1”“X正 平移到柱体 标识=柱体1”“Z正 平移到柱体 标识=柱体1”（图2-2-83）。

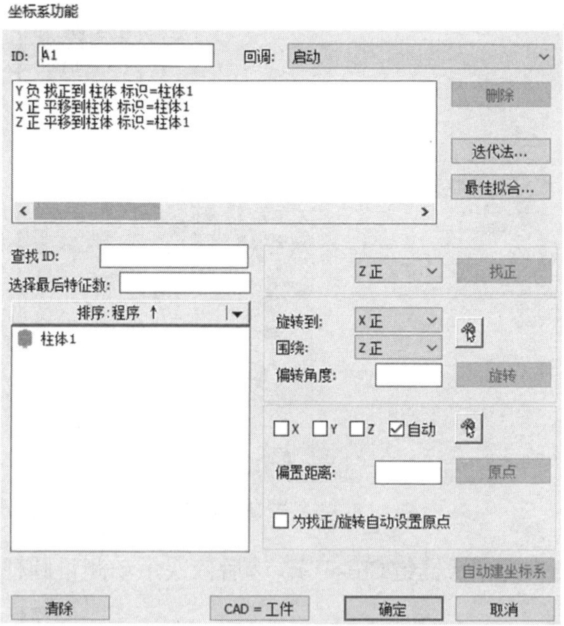


图 2-2-83　新建坐标系 A1

（7）在被测圆柱的端面测量3个点，点击确认，形成平面1（图2-2-84）。

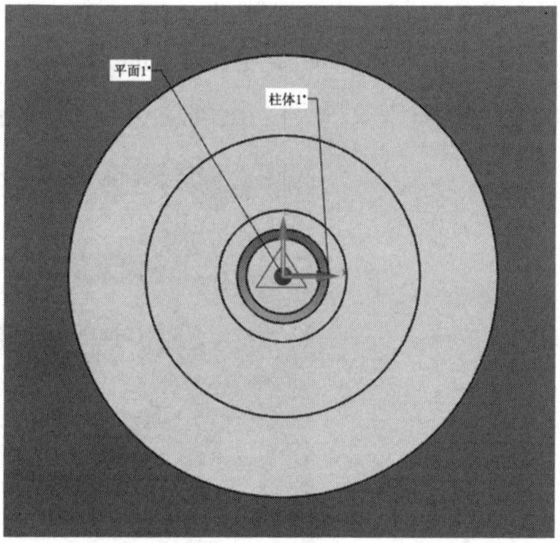


图 2-2-84　测量平面 1

（8）选择“插入”—“坐标系”—“点击新建”（快捷键Ctrl+Shift+A），点击“平面1”—“点击Y-原点”，在坐标系功能栏可以看到“Y正 平移到平面 标识=平面1”（图2-2-85）。

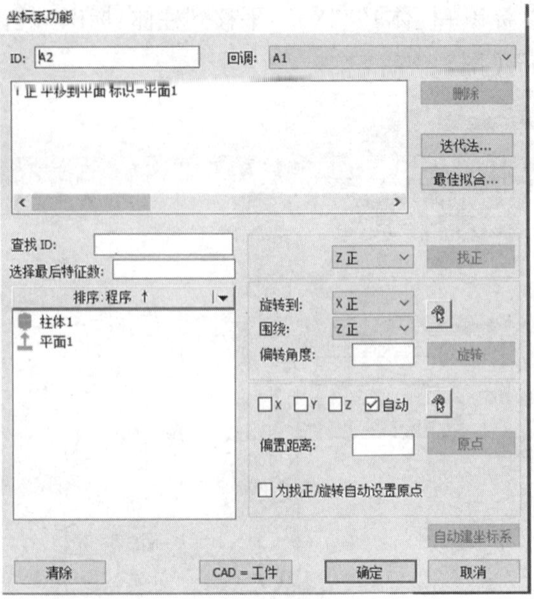


图 2-2-85　新建坐标系 A2

(9)点击运行命令(快捷键Ctrl+U),然后依次手动测量圆柱1、平面1,完成粗建坐标系。

2.精建坐标系

(1)切换自动模式(快捷键Alt+Z)。

(2)为了防止测针在测量过程中发生碰撞,需要激活安全空间,选择定义安全空间,设置偏置值为20,点击激活安全空间运动(图2-2-86)。

(3)点击显示安全空间(图2-2-87),正确后可以取消显示。

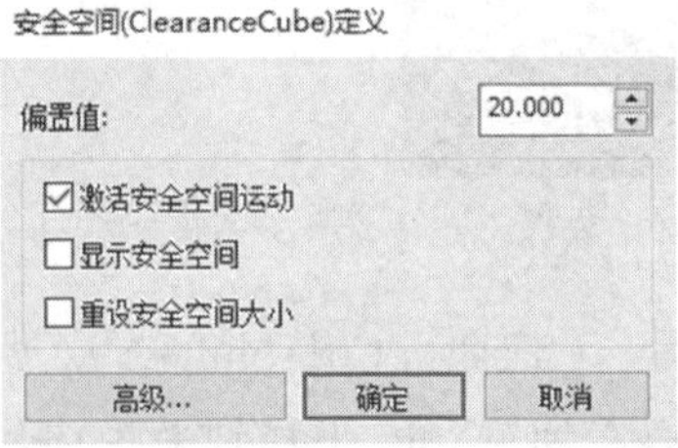


图 2-2-86　设置安全空间

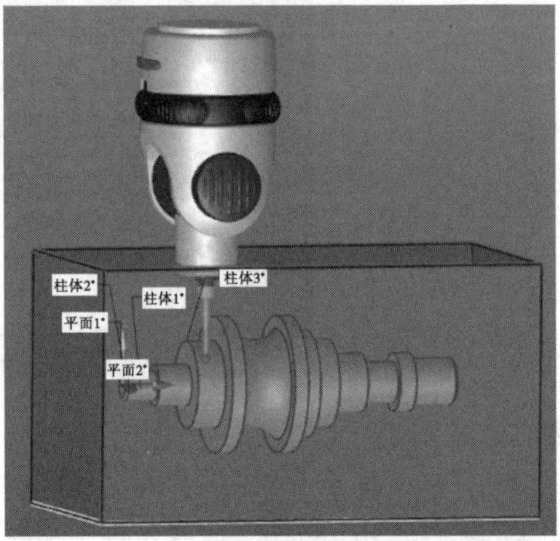


图 2-2-87　显示安全空间

（4）在自动测量特征列表中选择自动测量圆柱（图2-2-88）。

图 2-2-88　自动测量圆柱

（5）设置合理的测量参数，选择测量角度范围为30°~150°，每层测点数为4，深度为2，结束深度为5，层数为2，参数设置如图2-2-89所示。

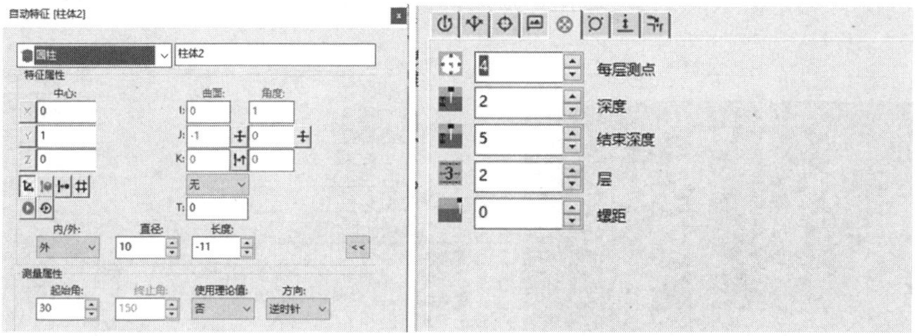


图 2-2-89　自动柱体测量参数设置

（6）在轴端可以看到自动测量圆柱的测针轨迹（图2-2-90）。

（7）选择“插入”—“坐标系”—“点击新建”（快捷键Ctrl+Shift+A），点击“柱体2”—“Y负-找正”—“点击X、Z-原点”，在坐标系功能表里出现“Y负　找正到柱体　标识=柱体2”“X正　平移到柱体　标识=柱体2”“Z正　平移到柱体　标识=柱体2”（图2-2-91）。

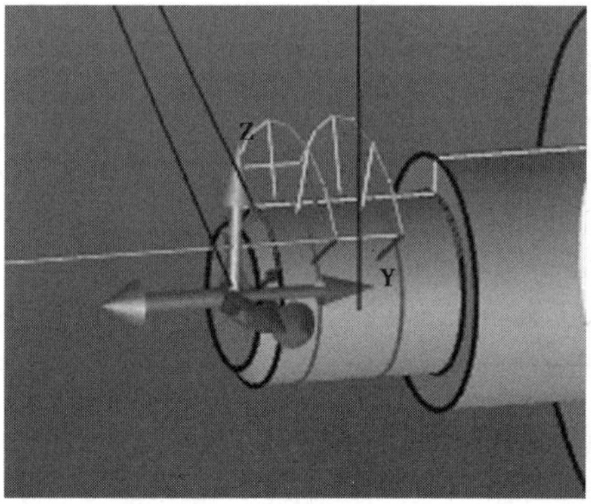


图 2-2-90　测针轨迹

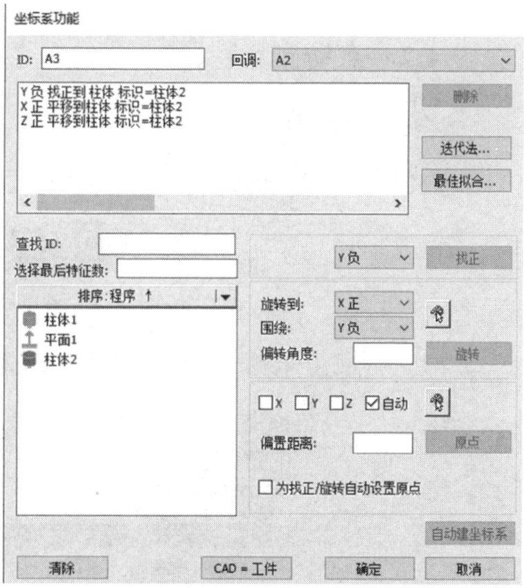


图 2-2-91　新建坐标系 A3

（8）在被测圆柱的端面测量3个点，点击确认，形成平面2（图2-2-92）。

（9）选择“插入”—“坐标系”—“点击新建”（快捷键Ctrl+Shift+A），点击“平面2”—“点击Y-原点”，在坐标系功能栏可以看到“Y正 平移到平面 标识=平面2”（图2-2-93）。

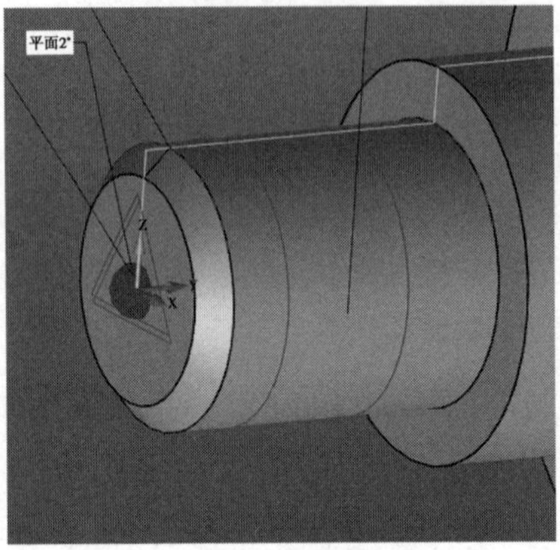


图 2-2-92　测量平面 2

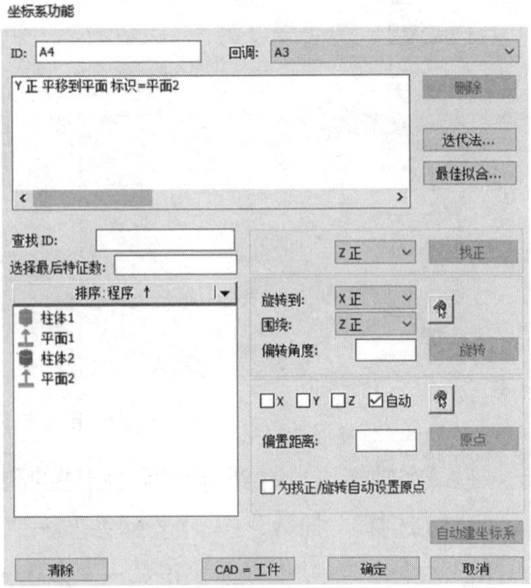


图 2-2-93　建立坐标系 A4

（10）自动运行程序，等程序运行结束，精建坐标系完成。

## 9.4.2　自动测量特征

1. 自动测量平面

（1）选择自动平面命令（图2-2-94）。

图 2-2-94　自动平面命令

（2）选择测量策略为TTP平面圆（图2-2-95）。

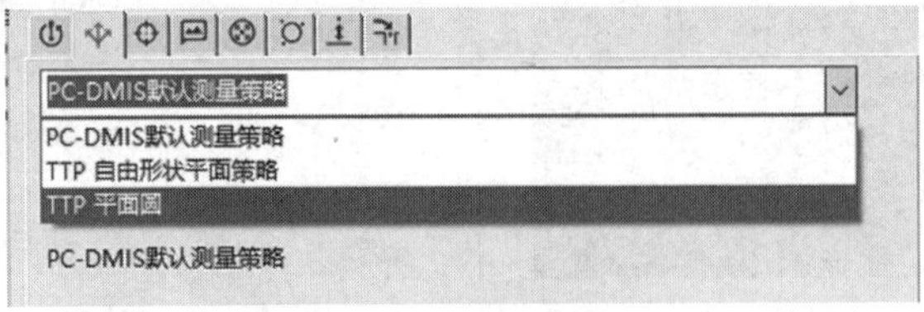


图 2-2-95　平面圆策略设置

（3）设置参数，更改中心坐标为（0，24，0），阵列选择圆形（图2-2-96）。

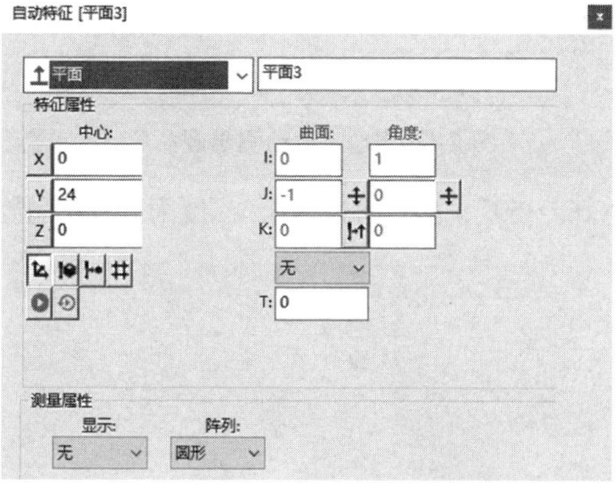


图 2-2-96　平面圆参数设置对话框

（4）定义路径，设置第一直径为24，起始角为30°，终止角为150°（图2-2-97）。

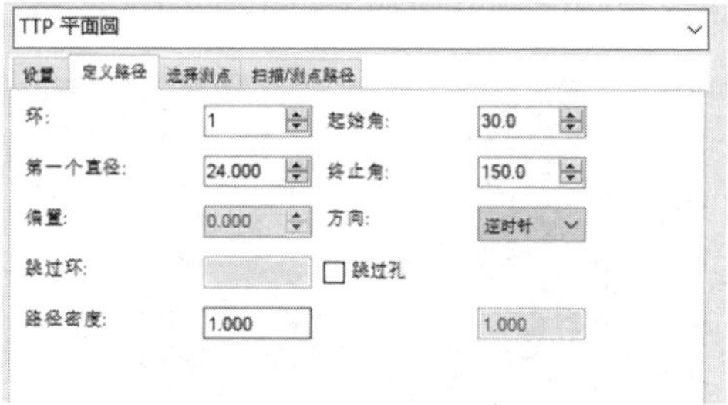


图 2-2-97　定义路径

（5）选择测点中的测点总数为5，点击选择（图2-2-98），可以看到五个测点颜色加深（图2-4-99）。

图 2-2-98　选择测点数图

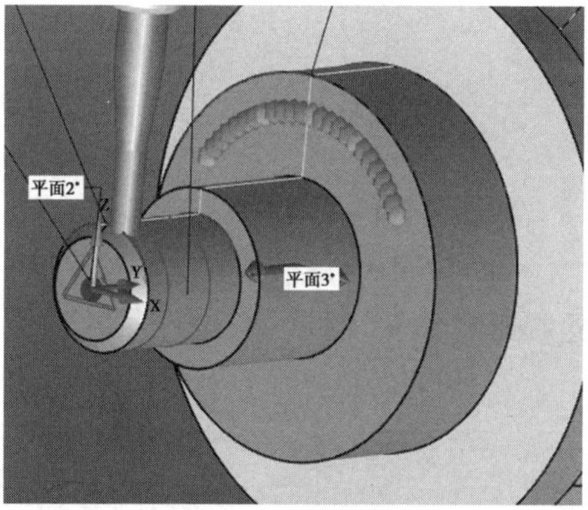


图 2-2-99　平面圆测点示意图

2. 自动测量圆

（1）选择自动测量圆命令（图2-2-100）。

图 2-2-100　自动测量圆命令

（2）设置角度为30°~150°，测点总数为5，深度为2，两者选择否（图2-2-101）。

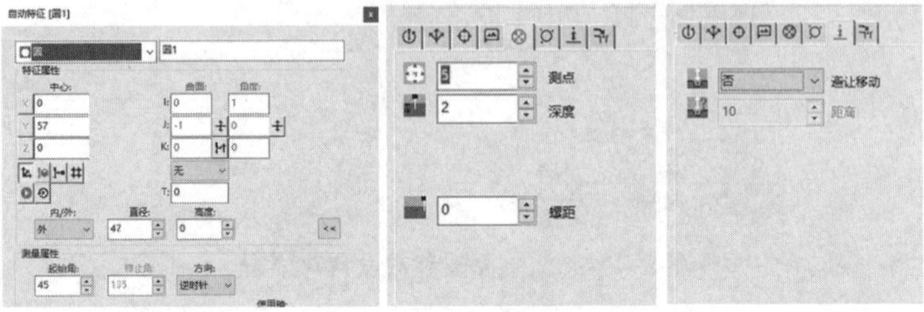


(a)参数设置1　(b)参数设置2　(c)参数设置3

图 2-2-101　自动圆参数设置

（3）可以看到自动测量圆的测针轨迹（图2-2-102）。

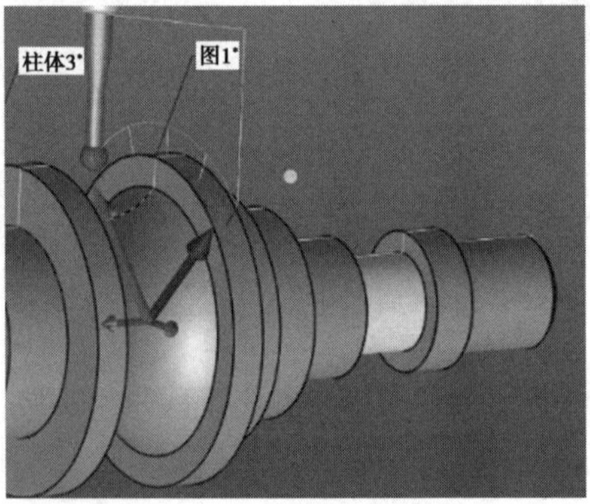


图 2-2-102　自动测量圆测针轨迹

### 9.4.3　特征评价

1. 距离评价

（1）按照9.4.2节的方法测量平面2和平面3，评价平面2和平面3之间距离，选择距离命令（图2-2-103）。

图 2-2-103　距离命令

（2）依次选择之前测得平面2和平面3，设置标称值24，上公差+0.01，下公差-0.01，点击创建（图2-2-104）。

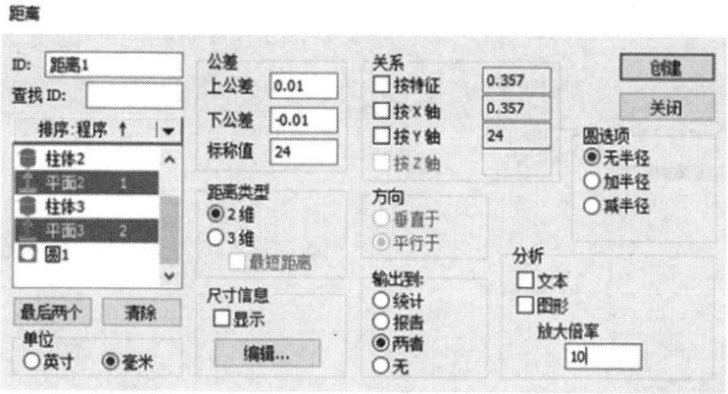


图2-2-104　距离参数设置

（3）在编辑窗口可以看到上述评价命令条。

2. 直径评价

（1）选择位置命令（图2-2-105）。

图2-2-105　位置命令

（2）选择圆1，在“坐标轴”对话框勾选直径，设置理论尺寸47，上公差0，下公差-0.05，点击创建（图2-2-106）。

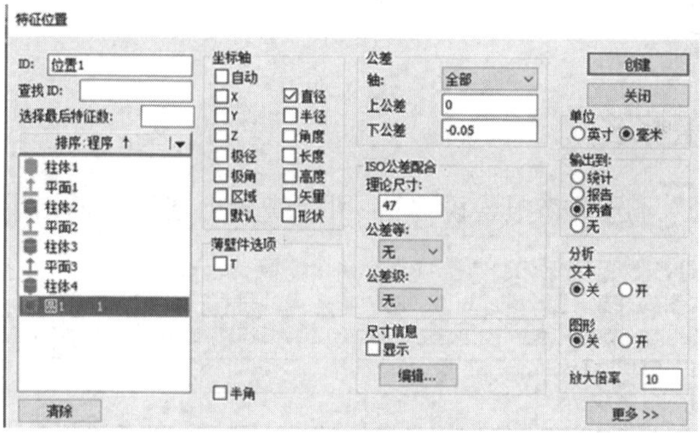


图2-2-106　圆直径参数设置

（3）在编辑窗口可以看到上述评价命令条。

3. 圆柱度评价

（1）按照上述方法测量得到柱体3，选择圆柱度命令（图2-2-107）。

图2-2-107　圆柱度命令

（2）选择柱体3，设置FCF圆柱度公差值为0.015，然后进行预览，点击创建（图2-2-108）。

图2-2-108　圆柱度参数设置

（3）在编辑窗口可以看到上述评价命令条。

4.程序运行

## 9.4.4　查看报告

点击“视图”，选择“报告窗口”，可以查看上述评价的结果（图2-2-109）。

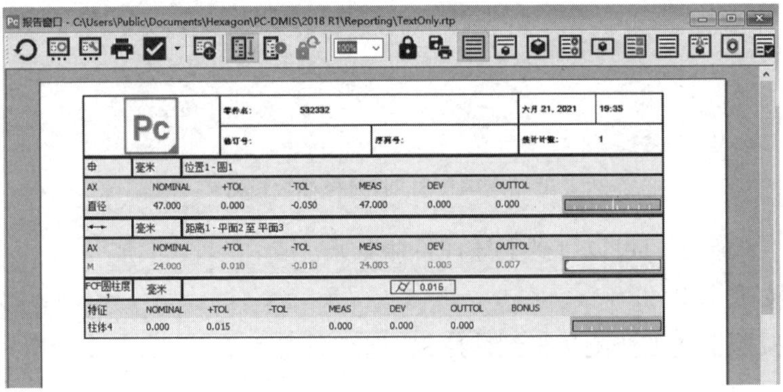

图2-2-109　报告窗口